元環境大臣／弁護士
原田義昭◉著

福島原発
「処理水」をのりこえて

集広舎

二日市慰霊碑

第二次世界大戦後、日本人は外地から引き揚げてきたが、その中には外地で暴行や不幸を受けた多くの若い娘たちがいた。

彼女たちは、子供たちと生死を共にしたが、ここ「二日市保養所」（福岡県筑紫野市）は、その母子たちの悲しい霊を綿々と祀る行事を伝えている。

（原田も慰霊祭の責任者の一人をつとめている）

目次

平成五年十月⇩十二月　185

「処理水」で世界が学んだこと

What the world has learned from the Fukushima Shorisui Water

福島原発、処理水「放出」開始

二〇二三年八月二十四日、遂に福島原発処理水の「放出」が始まった。安心安全への地道な努力、とりわけ漁業者の思い、「風評被害」との闘い、近隣諸国との関わり等々困難が続いた。ひたすら「安全性」への科学的説明と、今後の監視態勢（モニタリング）、保障（補償）責任の明確化などで、国民には「安心感」は感じてもらったようだ。ＩＡＥＡ（国際原子力機関）が現場検証で正式の承認を出してくれたこと、当初から最も批判的であった韓国が国内の批判を説得し了解の態度を取ってくれたことなどが大きかった。

この期に至って中国が敢えて反対の立場を取った。遂に本日には日本の水産物全品目の輸入規制措置を取ってきた。想定内ではあったが、日本は中国の取る非論理的な政治的、外交的、不合理な反応にはＩＡＥＡなどの科学的根拠を示しつつ、現在の方針を毅然と進めれば良い、世界中が支援する、中国の脅しなどに妄動などしてはならない。

当日夜、テレビ朝日系のabema番組に生出演、翌二十五日、産経新聞朝刊には取材記事となって、久しぶり、この「処理水」と私との関わりを思い出した人もおられたであろう。

私が「この処理水は海洋に放出すべし」と発言したのは四年前であった。当初は社会全体に大きな衝撃と不安を投げ掛けたが、事態は次第に鎮静化し、この間の、政府、福島県の関係者とりわけ漁業を中心とした多くの関係者の血を吐く努力とご苦労があって、遂には放出の方向で事態が進むこととなった。私も今になれば、遠くにあってもなお密かな祈りとともにいつもこの問題に寄り添っていたことを誇りに思っている。そしてわが国にとってこの事件が、むしろ勇気ある歴史のひとこまとして永く刻まれることを密かに望んでいる。

処理水放出、本格稼働

東電福島原発の処理水放出が本格化した。日本の原子力エネルギー重大課題のひとつに解決の目処がついた。中国の輸入禁止が新たな火種となったが、中国のように思想信条の困難な国であっても、正論をひたすら訴え続けることで必ず解決する、処理水問題も一気に局面が変わってくる。私は何でも手伝う、決して怯《ひる》むことはない。

確かに私が最初に発言した。誰かが沈黙の闇を破らなければ、私があの時発言しなかったら、今でも政府内では揉めているか、いやさすがに何処かで決めていただろうか。

二〇一九年九月十日、環境大臣として「海洋放出しか道は残されていない」と発言した。ちょうど四年経った。私はただ素直に感じたことを言っただけであるが、今に振り返ると結構大事な発言だった。政治家はいつの時代も、正しいと思ったことは言わなければならない、それが世の中の為になるのなら。

そして、この私が一番、誰よりも驚いている。あの発言がここまで大きくなろうとは。日本と中国、貿易問題、さらには世界中で、国連でも、議論されている。環境汚染、放射能、ひいては原子力施設の安全性

処理水放出を開始

福島第1　濃度、基準下回る

政府と東京電力は24日午後、福島第1原発処理水の海洋放出を始めた。最初に放出する処理水に含まれる放射性物質トリチウム濃度を測定した結果、放出計画の基準を大きく下回ったことが確認された。原発事故から12年余りを経て、福島の復興に向けた廃炉工程は大きく前進する。

東電は同日午前、最初に放出する処理水約1トンを海水約1200トンで希釈し、「立て坑」と呼ばれる貯水槽から採取したサンプリングのトリチウム濃度の測定結果を発表。放出基準となる1リットル当たり1500ベクレル未満を大きく下回る最大63ベクレルだったことが確認され、放出に問題がないと判断した。

測定結果を踏まえ、同日午後1時過ぎに海水ポンプを起動し、放出を開始。処理水は1キロ沖合の海底に設置された放水口から海へ流れ出たとみられる。

東電の放出計画では、今年度は4回に分け約7800トンずつ計約3万1200トンを放出する。1回目の放出終了には17日間かかる見通しで、放出に伴う年度内の削減量はタンク約10基分となる。

=3面に「高い技術」、26面に「漁師ら複雑」、6面に「中国は非科学的」

産経新聞（令和5年8月24日）掲載

……日本の放出決定に合わせて、中国が日本の魚介類全てに輸入制限（禁止）を決めた。日本の方針決定の段階から、中国は選択的規制は実行していたが、「全面規制」を本当にやるとはさすがに驚いた。「非科学的」という言葉で私は非難したが、それが日本の論調であったこと、さらにこの国中国におよそ「科学的」という言葉があるとも思えない、全てが非科学的、非論理的ということを感じていたから。「中国は法治国家でなく『人治国家』」という言い回しは、法律家の中では常識であるから。日本は当然ＷＴＯ（世界貿易機関）に提訴するが、中国は国際社会でどう強弁するか。（そもそも中国は二〇〇一年、何故「自由貿易原則」のＷＴＯ加入を望んだのか、また周りは、何故それを許したのか、にも連動してくる。）

「他に方法は無い、結局海に放出するしかない、環境被害、健康被害は「心配無い」と原子力規制委員会の更田《ふけた》豊志委員長にも言われている。それでも、「風評被害」は必ず起きる、その時は政府が全て責任を取る。」私は一気に発言した。

覚悟した通り、会見場は騒ぎ始めた。記者席は騒がしくなった。質問の手は何本も挙がった。「安全性は大丈夫か。処理水問題の所管は経産省ではないか、経産省とは擦り合わせはあるのか」と集中した。私は「環境大臣」の他に原子力担当の「国務大臣」である。「国務大臣」の仕事は「国務」全てに及んでいる、然も自分は経産省、エネルギー庁で育ったのだ、政治家の責任は所詮選挙でとればいいと答えた。

翌日だか安倍総理に会って報告すると、「よく言ってくれた。」と褒めてくれた。派閥の麻生大臣（財務）は「福島の県民には良い刺激になったのでは」と受け入れられた。

世の中は大騒ぎとなった。各新聞は大きく報道した。韓国が大騒ぎしていると書き始めた。途端に有名になり、あちこちテレビ、ラジオ、ワイドショーに呼ばれた。福島の県民、漁民に新たに衝撃を与えた、環境大臣の放言、暴言ではないかという切り口が大半であった。

私の大臣任期は二日後に切れたのだが、批判する人間の中には、原田大臣は卑怯な男だ、暴言い放って直ぐ逃げた、無責任な男だ、と広言するテレビの（高名な）人間もいた。弁解はしなかったが、私は少し悲しかった、大事な事はいつでも大事だ、時期は問わない、それなら貴方もまともな発言で世の中を動かしたらどうだと心の中で反論していた。

私の後任の大臣として、「小泉進次郎議員」が就き、新内閣の目玉と話題になった。大臣の事務引き継ぎは、「後よろしく」と短く終えたが、私の処理水発言と小泉大臣のタレント性で、環境省は一気に脚光を浴びることとなった。

小泉新大臣は直ぐに福島県に就任の挨拶回りに出掛けた。環境大臣就任の最初の仕事は、被災地福島県への挨拶回りが恒例である。福島では当然原発処理水の話題に集中した。大臣は「前大臣原田氏の発言において皆様にご心配を掛けた。この問題は担当の経産大臣とともに私が必ず解決する」と力強く演説して来た。

小泉進次郎氏は、父親純一郎元総理のＤＮＡを受け継ぎ、若いうえに高いタレント性を備えている。遠くない時期に国を率いる指導者になることは間違いない。われわれ政治の先輩たちはこの素質をしっかり育て上げる責務を負っている。ひとつ付け加えるならば、私と小泉純一郎氏とは若き時代には衆議院中選挙区の神奈川県において血で血を洗う選挙戦を長く闘った。今はその息子を愛しく思うなど、政治人生の不思議さを実感する。

私にとって「処理水」は遠くにあっても心の何処かに居続けていた。政府の専門家委員会は、原発事故（二〇一一年三月）以来その水処理については何度会合しても結論が出ない。地中に埋める、大気に蒸発させる、太平洋のど真ん中でこっそり捨てる……結局原田発言を契機に海洋放出に踏み切る決断がついた。その技術的安全性と具体的手法に審議を集中、遂に二〇二一年には放出の時期にも言及するに至った。事は急ぐのである、地上の水タンクは何時迄も放置できない、余剰土地にも限界がある、第一原発の廃炉作業も迫っている……政府としてはもはや待てない。「二〇二三年放出」が具体的スケジュールに挙がるようになった。

動きは活発になってきた。「処理水」という言葉、正確には「東京電力福島原子力第一原発汚染処理水」とでも言うのだろうが、報道でも社会でも実に当たり前の一般用語として使われるようになった。

中でも最も驚いたこと、本年（二〇二三年）三月二十六日のfacebook（本書111ページ）に載せているが、中露首脳会談が行われたその共同声明のトップに、「処理水放出を止めろ、美しい世界の海を汚染してはならない」という新聞記事。習近平がモスクワまで飛び、プーチンと額を突き合わせて話し合い、出した声明がこれ。私は流石に笑ってしまった。「中ロ首脳会談」と世界の注目を浴びながら、他に話題が無かったのだろうか、それ以上に、この嫌われ者二人だけには、「世界の美しい海」だのという言葉は聞きたくはなかった。そして中国がこの問題に取り組んでいる本気度を感じた瞬間でもあった。中国は、四年前、私の発言以降、韓国の反対運動に乗っかるように対日批判を繰り返してきた。明らかに外交手段、意図的な対日批判である。中国は今回処理水放出を機に対日海洋生物全面輸入規制措置に及んだが、この国の外交戦略の執念深さを知っておく事が必要である。

「処理水」の表現について、農水大臣が「汚染水」と呼んだとか、野党の中にも意図的に呼んでいるなど、その呼び方にはその政治的立場が込められており、中国が意図的に使う「核汚染処理水」という表現には、この大国には反日憎悪的感情まで含めている。世に言う「プロパガンダ（政治宣伝）」の典型でもある。

日本の放出に関して決定的な理由は次のことがある。まず原子力発電というエネルギー政策について、確固たる科学的信念があった。私は環境大臣のとき組織的傘下にあった更田《ふけた》豊志原子力規制委員会委員長と職務上も親しく交流していた。委員長は私との私的な会話でも、放射線の危険性は遥かに基準以下である事、環境にも健康にも被害ないということを発していた。些かも曖昧に言わない、科学的知識と自信とは凄いもので、これが私の発言の根拠「更田原子力規制委員会委員長も安全性は大丈夫と言っておられる」に繋がった。

処理水 中国は非科学的

原田義昭元環境相

韓国・尹大統領の理解に感謝

24日に始まった東京電力福島第1原発の処理水の海洋放出を巡り、政界を引退した自民党の原田義昭元環境相が産経新聞の取材に応じ、放出計画に理解を示す韓国の尹錫悦大統領に「感謝している」と述べた。反発を強める中国政府に対しては「非科学的な主張だ」と批判した。原田氏は環境相退任前の令和元年9月、政府が処理水の処分方法を決める前に記者会見で海洋放出を主張し、先鞭をつけた。

――放出が始まった

「よく政治が決断してくれた。岸田文雄首相は毅然とした態度で臨んでほしい。風評被害は科学的根拠に基づかないデマによって生じ、騒ぐほど広がる。福島県外の人が福島の水産物を食べて『おいしい』ということが対策になる」

――海洋放出に言及した意図は

「科学的に海洋放出は問題ないが、風評被害は起こる可能性が高く、政府を挙げて対応する必要を訴えたかった。処理水の扱いを検討する経済産業省の小委員会の議論は堂々巡りしている印象だった。誰かが言わねばならなかった」

――日本の立場に理解を示す韓国政府については

「韓国内で『（処理水を）怖い』と思う人は多いだろうが、尹氏は科学的な見地に基づき理解を示した。尹氏の存在は極めて大きい。放出計画が国際基準に合致すると評価した国際原子力機関（IAEA）とともに尹氏に感謝したい」

――中国政府は処理水を『核汚染水』と呼び、日本産水産物の輸入を全面的に停止すると発表した

「外交上、ためにする批判であり、許せない。中国の主張は国際社会で共感を得られていない。非科学的な主張を唱え続ければ、非科学的な国と科学的な国という新たな枠組みができるのではないか」

（聞き手 奥原慎平、写真も）

＝1面参照

産経新聞（令和5年8月24日）掲載

日本政府も東京電力も、いや日本の原子力政策では、安全性は全てに優先して目指される。私は経産省、資源エネルギー庁の官僚としてもこの問題に一貫して関わってきたが、特に技官、技術屋の同僚たちの安全性への執念は厳しいものがあり、当然ながら私は彼らの「技術力」の信奉者となった。かくして、安全さえ担保されれば、許されるはずだと確信した上で、放出すべしと発言した。

しかし、当然、世の中は納得しない、国内も、国外も。最

大のサポートは国際原子力機関（ＩＡＥＡ）の調査団であった。調査団は来日、福島現地で具体的現場調査、科学的分析を踏まえてその安全性を最終発表。継続的な調査、監視、分析は現在も続いている。

韓国の出方も大きく影響した。私の「放出発言」以降、最も激しく反発、非難したのは韓国であった。日本と最近接の地にあり、被害意識を覚えるのは無理からぬ事情で、日本政府も誠意を持って出来る限りの説明に臨んでいた。一方、二〇二二年五月の大統領選で尹《ユン》政権に変わってから、事情は確実に変わってきた。専門家による調査団派遣を累次行い、遂には韓国独自に安全性を発表した。安全性の認識は本来政治とは無関係のはずであるが、ムンジェイン政権からユンソンニョル政権への政権交代が韓国の対日姿勢、安全性認識を決定的に変化させた。

関連して、もうひとつ。本年（二〇二三年）九月五日、一泊にて韓国・釜山に渡ることがあった。大きな会合で演説の機会があった。私は声高に韓国の人々に感謝を言おうとしたのだが、直前の準備で止めることとした。韓国民の多くは了解しているが、今現在、野党の党首たる政治家が日本の処理水放出を止めさせよと訴えて「断食ストライキ」に入っているという。韓国では来年が国会選挙にあたり、この処理水問題が政治問題に扱われているとのこと。今時「断食」など時代錯誤にびっくりしたが、まずは大恩ある尹《ユン》大統領に迷惑をかけてはいけないと思ったものである。

中国の全水産品の輸入規制

中国とは本当にモラルの低い国である。日本の放出決定で直ちに全水産品の輸入規制措置を採った。まさか全種類を一斉に規制するとは驚いた。昔は自国の漁業に影響するかの言動であったが、余りの非科学性、余りの不合理な対応に、わが国ばかりか国際社会の多くの国もびっくりしているようで、政治的イデオロギーとは関係ない、むしろ中国の精神性、国際主義に心配を寄せることになった。中国人から日本人への無差別な抗議電話が寄せられて、どうも国や行政が指示したものではとの情報には、日本国内は中国の非常識に輪を掛けて驚いていた。中国の輸入規制は中国人にも迷惑を掛けているという話もあるが、日本の漁業には大きな損害を与えている。その措置には国際法違反としてWTOには直ちに訴えることになっており、私も側面から応援する所存である。国際社会は少なくとも、イデオロギー差はあるとしても、科学的、論理的思考が通用する場でなければならない。繰り返すが、二〇〇一年、中国はWTOに加盟した。自由貿易ルールの恩恵は著しく、中国の経済は二〇〇一年、日本の三分の一から二〇二一年には日本の三倍にまで膨張した。

処理水放出に当たって、絶対に環境基準、排出基準を守らなければならない。まず放射能に汚染されたとされる自然水や地下水は、ALPS処理されて水タンクに取り込まれる。そのうち最も難しいのがトリチウムとされている。そもそもトリチウムは自然界にも存在し、有害性も小さいが厳格な国際基準があり、日本の原発は全て基準内にある。この処理水についても、国際基準内であり、放出後の環境省からの定期的モニタリング（監視）調査でも十分クリアしている。各国原発からの排出からトリチウム値は国際的比較においても遥かに高く、わが国が中国から言われる筋合いは全くない。

「風評被害」といわれるものが関わる。物理的被害、計算できる被害であれば、いずれは損害賠償で決済される。風評被害とは精神的、心理的な被害であって、重いと言う人も、感じないと言う人も出てくるが、少なくともその両方の人々に向けて対策を講じなければならない。

放出から一か月経ったところで、日本は海域の水質検査、定期的モニタリングを行い、その透明性を図りながら常に公開、公表に務めている。どの国に対しても、放射能放出までの丁寧な説明と検査数値やモニタリングについて科学的な情報提供を行っており、元々反対であった韓国、尹《ユン》大統領政権が国民に対して科学的調査や論理説得で増進に務めたことが決定的に大切であった。

中国の反対姿勢には、日本の政府も科学的論証を粘り強く続けることで、必ず理解を受けるものと考えられている。

私が放出発言に至った背景

私は二〇一八年十月、大臣就任に当たって、福島被災地を何か所か巡った。一番驚いたのが福島原発一号機の広大な広場に立ち並ぶ無数の水タンク群。原子炉の崩壊後、雨水や地下水を汚染のまま海洋に流し込むわけにはいかない、とりあえず水タンクで食い止めてはいるが、タンクはすでに一千個近くになる。この広場が満杯になれば他を探さなければならない。このタンク水の処分では政府に専門家委員会が開かれているが、中々妙案が出て来ない。

私は瞬間感じたのは、目の前には限りない大海原、何故その海に投下しない、汚染度がいくら高かろうと無限の海水で薄めれば、最後に必ずゼロになるはずである。私は、若い頃、通産省で公害行政に携わり、廃水や排気など何でも、結局、「希釈（薄める）」することで汚染度が下がることを学んでいた。

大臣在任中、ほぼ一年間、私はこのことをいつも脳裏に置きながら、学者、マスコミ、地元の人など専門家と思しき人を何人も大臣室に呼び込み率直に意見を聞いた。確たる回答はなかったが、結局それ（放出）

しか残されていないという感触は摑んでいた。

かくして二〇一九年九月、記者会見の瞬間がやってきた。私は敢えて福島の原発問題を取り上げて、「結局海洋放出しか残されていない。希釈すれば汚染度も下がり、そのことは原子力規制委員会の更田豊志委員長が十分に保証されている。但し、風評被害は必ず発生するので、政府が全責任を取ることになる」と発言した。会見場は大騒ぎとなった。私は念の為、数日前に、菅義偉官房長官と全漁連（全国漁業者組合連合会）の岸宏会長には（賛成はされなかったが）発言の根回しだけは済ませておいた。

なお、政府は二〇二〇年四月十三日に二年後を期して放出することを閣議決定した。その一週間前だか、全漁連岸会長が菅総理を官邸にたずね、案件が決着し、握手をしたというＮＨＫニュースを見た。私は万感胸を去来する思いに独り快哉を叫んだ。

「処理水」の呼び方について

いきなり「処理水」と言っても何を処理した水なのか分からない。正確には「原子力で汚染された水を無害に処理した水」とでも表現すべきであって、あとはどこで切るかは言う人の立場による。私はこの間ほぼずっと「汚染処理水」と認識し呼んでいた、なぜならあの水タンク群の光景が忘れないからだろう。政府の発表で「処理水」に一本化された時、何と上手い表現だろうと感心した。言葉は所詮概念、認識が一致してお互い正確に意思が通じ合えばいい、短く、コンパクトなら、さらにいい。

中国がひとり、「核汚染水」と拘っているが、如何に政治の立場といえ、今や中国は引っ込みのつかない態様をどう収めるか、彼らの国でもイデオロギーの限界を学ぶ良い機会になるやも知れない。

外国語（英語）に訳すとならば、treated water, detoxified water などが考えられる。ただこの「処理水」は長い経緯と複雑な社会背景を持っているために、一般表記では素直に外国人に伝わらない。むしろ Fukushima shorisui water など日本語による特定表記をした方が本質に迫り易い側面もあろう。

原子力エネルギーは人類の発明であり、これをもって人類は無限に発展することとなった。「化石燃料」たる石炭、石油、LNG、「新エネルギー」の太陽光も風力も、全て自然の恵みであって、人類は上手く利用しているに過ぎない。原子力エネルギーは人類の発明であり、そのことを自覚しなければならない。長い間、「原子力への恐怖」があった。原子力というものは恐ろしい威力を発揮する、恐ろしい武器にもなる。それなら平和利用に徹すればいいではないか。原子力発電所が世界中に作られ、もはや無くてはならぬ存在となった（その役割日本では三〇％）。然し原子力には危険が伴う。世界中の学者、研究者が寄ってたかって遂に原子力は完全に安全である、正しい管理さえ行われれば、という結論に至った。しかしスリーマイル島事故（一九七九年）、チェルノブイリ事故（一九八六年）が安逸を襲い、遂に二〇一一年三月十一日、福島原発事故へと繋がった。

福島「処理水」は、今や順調に放出が進んでいる。もし一切放出できない、世界中が反対するなど、真逆の結果が出たとするならば大変な事態となっていた。国の原子力政策さえ否定されていた。科学的・技術的な裏付けの無い「安全神話」はすでに否定されている。必要なのは安全を担保する技術的裏付けと、事故が起きても必ず復活できるという実証であり、それがあっての今回の「処理水」放出であった。東京電力と日本政府はそれを証明し、遂にＩＡＥＡまでも説得した。原子力は、事故が起こることもある。しかし後処理をきちんとやれば必ず再生できるということを、世界中が見守る中で身をもって実証した。それこそ日本人の真面目な性格が新しい歴史を作ったと言える。

およそ中国のみが非難と批判を繰り返している。原子力平和利用の黎明期にも、「危ない、危ない」、「原子力は危険だから止めるべし」という学者や政治家がいた。反社会的、非科学的と遠ざけられていたが、彼らの主張も正しかった。どの時代、如何なる批判にでも謙虚さをもって応じなければならない。かくして処理水問題は粛々と進み、日が経てば一層当たり前のように受けとられるに違いない。

気掛かりはトリチウムのことである。この処理水には十種類以上の放射性物質が含まれており、トリチウムだけはＡＬＰＳでは完全処理できないという。トリチウムは自然界にも存在する、それ自体余り毒性が強くない、何処の国でも原発からは福島原発より高い濃度のトリチウムを海洋に流しているなどで、実際の懸念に及ばないらしい。私はこれら説明には了解しているが、実は政府の決定後、何名もの研究者が私を名指しで訪ねてその削減の必要性と具体技術を紹介された。ついては私なりに改めて専門部署に問い合わせをしている。

原子力政策の変遷

原子力政策は各国とも大きな困難と苦悩の中で、結局は必然的なものとして続けられている。安全性との葛藤を越えて現実対応しているのはわが国ばかりでない（中国は現在五十一基で原発保有台数、米仏に次ぐ世界三位。建設中十九基、予定二十四基を入れると将来世界一位になる予定）。

将来を期して原子力政策に関する最近の事象を二件、記しておきたい。

◎日本においてはこの国会で、原子力炉規制法を改正して原子炉の耐用年数を、旧来の「原則四十年、例外六十年まで」を改正して、「安全管理を厳守することを前提に六十年を突破」出来るとした。

◎二〇二三年、UAEドバイでの「COP（世界環境会議）28」においては、脱炭素政策の一環として、「二〇五〇年度世界の原子力発電所は、二〇二〇年度規模の三倍を目指す」ことを決定した。

「処理水」で世界中が学んだこと

原子力安全の真の方程式「危険だが、人類は必ず乗り越える」。

What the world has learned from the Fukushima Shorisui Water (the true Formula for Atomic Safety). It is still full of risks, but mankind will never fail to overcome any risk !

わたしの履歴書　原田義昭略伝

炭鉱町で生まれたこと

私は昭和十九年十月、福岡県山田市という炭鉱町で生まれた。父は『古河鉱業《ふるかわ》』という石炭会社の事務職員で、私の生まれた時は軍属としてシンガポールにいた。私の名前「義昭」の「昭」は「昭南島」（シンガポール）から取ったとよく聞かされた。山田市は古河鉱業の企業町で、私は当然にその「下山田小学校」に入った。

二年生の時、父の転勤で北海道にある別の炭鉱町（雨竜郡沼田町浅野）に移った。雪深い極寒の北海道は、スキー、スケートとともに、私に大きな影響を与えた。私は今も「道産子《どさんこ》（北海道生まれ育ち）」の誇りを持ち続けている。小学校六年になって、家族は再び福岡県の筑豊地区、別の炭鉱「添田町」に戻った。「古河鉱業」は国内有数の財閥系炭鉱であって、私の家族は全て「古河鉱業」への恩を感じながら生活した。昔の炭鉱は従業員の生活の全てを賄っていた。住居（炭住）はもとより電気、水道、暖房、病院、商店や映画館、とにかく従業員とその家族の生活の全てを賄っていた。かくして私は石炭を掘る筑豊という地域、父親の勤める「古河」という企業に限り無い誇りと感謝を持って幼少期を過ごした。

通産省に就職した理由

私は後に通産省（現経済産業省）に奉職したが、これは私の炭鉱町生まれと深く関わっている。私は炭鉱町の温かさと貧しさを肌で知っていた。炭鉱では事故が頻繁に発生する。坑内では落盤、ガス爆発、水没……事故が起こると、必ず何人か死ぬ。小学校の授業中でもその子どもらがひっそりと外に呼び出される。炭鉱町とは暗くて悲しい所でもあった。

大学を出て、私は通産省の面接試験を受けていた。「君は何故通産省を目指すのか」と問われた。そう聞かれると案外難しい。「私は炭鉱町で生まれました。炭鉱は事故が多く、いつも学校の友達の父親が亡くなりました。炭鉱の監督は通産省がやっていると聞きました。私は通産省に炭鉱の安全をもっとしっかり監督しろと言いたい。自分が代わりにやってもいい、と思って通産省を目指しました」と咄嗟に答えてしまった。そして後日私には採用の内定通知が来た。

翌年（昭和四十五年）四月一日、入社式の日、私は「鉱山保安局に任命する」の辞令を渡された。私の社会人としての第一歩は石炭、鉱山の監督行政から始まった。

「古河」が公害企業であったこと

もうひとつ。父親の勤め先『古河』の名前はわが一族にとって万恩に値すると既に書いた。ところが、ずっと後になって、その名前が余り誇れないものであることを知る。古河財閥の「足尾銅山」（栃木県足尾町）は明治期の日本の殖産興業で大活躍をした。日本は近代化を果たしたが、経済発展の負の部分として、足尾銅山は「渡瀬川《わたらせ》」を鉱毒で汚し、多くの人々の命と健康を害し社会の在り方まで破壊した。古河財閥とオーナー「古河市兵衛」は「日本の公害の原点」という悪名を残すことになった。公害被害と敢然と闘った英雄「田中正造」（元代議士）とともに永遠の歴史の中では常に併称される。

古河市兵衛はその後、時の首相伊藤博文らに諭されて、九州大学、北海道大学など全国各地に投資して教育福祉環境事業に努めた。

アメリカ・オクラホマ州に高校留学、ケネディ大統領と握手

添田町から福岡市に出て、私立西南中学、県立修猷館高校に通った。修猷館高校では柔道部に入って、柔道の全国大会「金鷲旗《きんしゅうき》」の補欠選手で出た。

高校二年次、古河鉱業の閉山とともに父は炭鉱離職者として関東に移転、住所は川崎市、私は東京都立小山台高校に転校した。

私は東京地区の選抜試験で「ＡＦＳ交換留学制度」に合格し、アメリカ中西部オクラホマ州タルサ市へ留学した。留学期間は一年に及び、歯科医のシャックレット夫妻、同級のカーチス君の三人家族に大事に育てられた。学業も秀で、部活ではレスリングで内外活躍した。日本人として誉れの多い幸せな留学生活を送った。「天才ハーモニカ少年来たる」とあちこち引っ張り廻される時もあった。シャクレット母の著書『Yoshi came to town』（『ヨッシーが街にやって来た』）は、日米両国で評判となり、私の知名度を上げ将来の私の選挙の基礎となった。

卒業時には、タルサ市の他の国の留学生と一緒に大陸横断のバス旅行が与えられた。その終点にはホワイ

トハウスにてケネディ大統領と直々に面会した。アメリカという国民の大きさに触れて、以後私が強い親米主義者になったのは自然の成り行きでもあった。

帰国して受験勉強中の十一月のある日、あのケネディ大統領の暗殺という衝撃的なニュースに全身を震わせた。

東大進学、柔道一筋、八幡製鐵勤務

昭和三十八年八月に帰国するや大学入学試験が待ち受けていた。留学一年間のブランクは大きかったが、入試は順調に合格、翌四月、東大法学部に入学した。東大にはさすがに優秀な学生が多く集まっている。私は柔道部に入部して柔道修行に励んだ。柔道では国立大学リーグや東京学生連盟でも優秀選手に選ばれて、講道館四段位を受けた。一方勉学の方が疎かになっており、就職のための国家試験には悉《ことごと》く落第した。

ついては、昭和四十三年、八幡製鐵、後の新日鐵株式会社に就職した。在職二年後依願退職して、川崎市の実家に戻り、今度は勉学一本に絞った。思い残していた国家公務員試験及び司法試験に合格した。

通産省勤務

昭和四十五年四月、晴れて通産省に入省、「鉱山保安局」勤務を命ぜられた。鉱山保安、公害対策、環境行政の基礎を学んだが、何と五十年後、「環境大臣」としてその監督行政を統括したことには単なる偶然以上の運命を感じた。なお直属の課長は「岸田文武氏」であったが、後の首相「岸田文雄氏」の父親に当たることになる。

通産省を辞めたのは、昭和六十年三月。十五年間奉職したが、その間通商貿易、中小企業、繊維産業、資源エネルギー、特許制度等を直接に担当した。またアメリカ・ボストンタフツ大学への大学院留学までを与えられた。私の人生、国際問題、行政政治の基礎の大半は通産省時代に体得したことに深甚なる感謝を捧げなければならない。最後の渡辺美智雄通産大臣秘書官の職責で、私は本格的に政界への発射台に立つこととなった。

政界進出、環境大臣ほか

平成二年二月、衆議院選挙神奈川県第二区、約六年間の選挙運動を経て、小泉純一郎氏など超強豪に互して初当選した。爾来、自民党では渡辺派、山崎拓派、麻生太郎派で鍛え支えて頂いた。都合二十八年、自民党では大方の部局、取り分け総務会、外交部局、対中国戦略、原子力エネルギー部局など、国会（衆議院）では外務委員長、財務金融委員長などを歴任した上で、政府の厚生政務次官、文部科学副大臣、環境大臣、国務大臣（原子力担当）などに配せられた。いずれも重い国家的職務であったが、まずは無事故に乗り切れたことの幸運に感謝しなければならない。時折しも衆議院より「永年勤続（二十五年）表彰」を受け、本会議場では代表謝辞演説の栄に浴した。

落選、政界引退、国際弁護士で甦《よみがえ》る

二〇二一年（令和三年）十月末、私は総選挙で落選した。多少の事情はあったものの、負ける選挙ではなかった。しかし天は私の不徳と努力不足を厳しく断罪した。遂に落選し政治家を引退したことは、全てを失い、人生を終えたことを意味した。茫然として、生きる前途を失った。然し私はぐっと耐え、乗り越えることとなった。何故か新しい生命を得て人生を出直すこととなった。「甦る《よみがえ》」という漢字はつぶさに見ると「更に生きる」と読める。自分の人生は「甦った」と気付いた瞬間体内から不思議な力が湧いてきた。自分の生い立ちを今までになく露出し、政治家としての思いと使命《ミッション》を辿った。弁護士に至った偶然と必然、そして今後は国際弁護士を天職として生きることで全く新しい人生が始まった。

生涯選挙、八勝四敗。四回負けても、なお

政治生活に反省と悔いが無いわけではない。自分の選挙人生は八勝四敗で終わった。八勝で、大相撲なら勝ち越したと笑かすが、せめて選挙がもう少し強かったら、と自分を責めないではない。総理大臣とはいわないが、大臣はもう一つ、党の三役くらいは行けたかもと思わないでもない。

しかし紛《まご》うことなく、自分は全力を尽くした。持てる力は全部出した。そしてそれ以上に選挙陣営は激しく頑張ってくれた。自分の不徳と重なってもなおここまでを結果と残せたことに、まず後援の皆様、投票して下さった平均十二万票×十二回＝延べ約百五十万人の人々にどれほど感謝しなければならないか。

私は四回も落選した議員など何処にも知らない。いずれも乗り越えて今なお、雄々しく立ち上がっている人など、もっと知らない。今や私はあらゆる挫折の中に居てもなお「甦る」。その復元力、我慢力こそ多くの人々、特に若い人々に見て欲しいと思う。

勲章を授与、さらに「太宰府市長特別表彰」を

十一月八日、私には終生忘れ得ぬ日となった。私は妻とともに皇居に参内し、「旭日大綬章」を天皇陛下から授与されるという栄誉にあずかった。「身に余る」という表現しか浮かばないが、私の人生をかくも評価された日本という国、国民の皆様に心から感謝するとともに、しからば未だ残された期間においては今まで以上の精力を以て世の中のために働こうと覚悟した。

あまつさえ、地元福岡県太宰府に戻ると、私は楠田大蔵太宰府市長より「市長特別表彰」を授かった。

これからの日本へ、喝！

今の日本は一体、何だ。あの経済大国は何処行った。この円安で東南アジアの出稼ぎは日本に来たくないと言っている。日本の平均所得は韓国より低い。中国のGDPは日本の三倍となった。

新型コロナもあったし、プーチンのウクライナ侵攻も、イスラエルとパレスチナ、物価高インフレも国民を直撃する、しかしこれらは全て日本だけの問題でない。

あらゆる経済指標は世界の後れを取り、教育指標、科学発展指標は世界の平均値をうろうろする。産業のコメである半導体でさえ、世界の八〇％をシェアしていた日本が、今や台湾や韓国、米国の後塵を拝する。デジタルやGAFA、テスラやイーロン・マスク……、では日本のソニーやNTT、トヨタや富士通は今どうしようとしているのか。

世界にはもっともっと貧しく悲しい民族がいる。ウクライナも、パレスチナも、世界中の難民たちも助けを求めている。戦火の中、施設で泣き逃げ惑うこども達を見ると直ぐにでも飛んで行って、有り余る飽食の菓子を食べさせたくなる。

決して日本は柔《やわ》でない。力を溜めて、きっと甦る。政治も経済も、社会も外交も。日米、インド太平洋同盟、日欧協力、自由と民主主義は必ず中国、ロシアなど専制主義国家に勝つ、先ず憲法を改正して自らを守れ。あの安倍晋三は命を賭して言い残したではないか……。

令和四年（九月 ⇨ 十二月）

学制一五〇年記念式典

日本の学校制度は明治五年、西洋から取り入れられた。今年で百五十年になり、この間の様々な近代制度の導入の中で、国の基礎となる最も誇るべきものこそこの教育制度であった。両陛下ご臨席の記念式典においては、私も参列して、過去を偲び、「これからの時代をさらに高め合う」ことを誓い合った。

なお柔道の山下泰裕氏（日本オリンピック委員会会長）と隣席になり、旧交を温める幸運にも恵まれた。

九月七日（水）

エリザベス英女王死去

九月九日、エリザベス女王が死去された。在位七十年、九十六歳になられていた。英国民は悲しみにつつまれているが、私ら日本人にとってもあの笑顔と優しさは、いつも戦後の世界平和、英国やヨーロッパの歴史と威厳のシンボルとしてあった。「母」のような人であったことが、亡くなられた今改めて湧いてくる。あの時その時の自分が思い出されてくる。

女王様、長い長い間、本当にありがとうございました。静かにお眠りください。

九月九日（金）

埼玉県蕨《わらび》市に出張。嗚呼、「わらび駅」

所用があって埼玉県蕨市まで出張、JR蕨駅の写真を撮ってきました。

遠い昔、五十年以上もなる。大学を出て就職に迷い、国家試験に苦労していた。アルバイトで食いつないでいたが、勤めていたのがいわゆる工事現場の「飯場《はんば》」。半年くらい都内の飯場で、荒っぽい人々三十人ばかりと起居を共にして、その日その日の土木作業に従事していた。ある時の二、三週間、作業員みんなで通ったのが国鉄「蕨駅」。駅舎の屋根に登り、トタン屋根だかを修理したり張り替えたり。「わらび」という聞きなれない駅名は、私にとっては身近で懐かしいものになったのです。もちろん昔の面影は何も無い。写真は駅の表とネット越しの裏側。

九月十一日（日）

最愛のママへ
〔…To my darling Mama〕

最愛のママへ、今は亡き最愛のパパに会いに行く最後の大きな旅を始めるにあたり、ただこのことばを捧げたいと思います。“thank you”（ありがとう）。天使の歌声に包まれてやすらかな休息に向かわれますように。

この言葉はエリザベス女王が亡くなれて直ぐ即位されたチャールズ国王が、英国民に向けた挨拶の最後の一節です。十分

写真：代表撮影/ロイター/アフロ

を越える挨拶は、故女王の七十年、ひたすらに国民の幸せと世界の平和のために捧げた渾身の努力と献身と忍耐を讃え、女王への深い感謝と思い出に溢れていました。そして一番最後に「ママ」と呼び掛けられた。最後の最後に母と子に戻り、あの王室という多分最も厳しい掟の中においてもなお、結局は家族であり、母と子であり、幼ない時の肌の温もりを思い出されたのであろう。王室ご家庭にもいろいろあったことは世界中が知っている、それでもなお女王は、あの笑顔と全ての弱い者を慈しむ優しさを忘れられることはなかった。

新国王の歴史的演説という最高の格式の中で、「ママ」という幼児語にも似たことばがいきなり飛び出したことには、国中もまた私も大きく驚きました。一呼吸おいて、私にはお二人しかわからない愛情と哀しみ、そして彼の国の限りない栄光を約束するような確信に、暫し涙が滲むのを覚えました。

九月十二日（月）

「環境重油」事務所にて雄叫び

狭い東京事務所は毎日ごった返しです。今日は「廃タイヤ環境重油」（仮称）完成間近で関係者が雄叫びを挙げました。仲間の原君、五十嵐君の天才的努力と原田事務所の統率力で、間もなく「環境重油」が実用化します。

世の中に革命を起こすことも予想されます。『失敗を畏れる前に、可能性に賭けろ』、原田事務所の伝統が今も脈々と息づいています。

九月十六日（金）

台風十四号、一色

「未だ経験したことのない」大型台風、昨日来九州宮崎、鹿児島からわが福岡を覆ってきた。テレビ、新聞、報道はそれ一色、風も雨も潮も地域に被害を齎しそう。飛行機はもとより電車、高速道路も閉鎖とのこと、日頃忙しい人は却って休んでおられるか。私の事務所も来客無し。

九月十九日（月）

エリザベス女王、荘厳な国葬

九月十九日、英国にてエリザベス女王の国葬が行われた。荘厳で古式に則ったもので、私もテレビ実況にはほぼ出席、身じろい質してご冥福をお祈りした。

女王は、私にとっても常にそばにあられた。生まれてこの方、結局はこの方こそが最も感動的で、あの笑顔と慈しみの挙措は、世界中の人々に平和と幸せを与えられた。

もちろん実相は異なる。二十世紀から二十一世紀の在位七十年間、世界は多くの戦争と動乱、冷戦もウクライナ戦争も、避け得なかった。そしてなお今日の英国が一等国たる所以には、民主化が進む中で「王制」という伝統と誇りを守り切り、「英連邦」という国際連帯をまとめきたこと、エリザベスという厳しさとカリスマに依るところ大であった。「君臨すれども統治せず」という英国の政治伝統はエリザベス女

王のために用意された言葉だった。

同じく「皇室」を頂き、内閣制度も譲り受けたわが国にとって、英国の未来と発展は文字通りわが国の先を行く。今後とも最も大切なパートナー、兄弟国として、この国とは特別な絆を維持していかなければならない。

ウクライナ戦争、今とこれから

九月二十日（火）

ロシアのウクライナ侵略も七か月となる。悲惨な戦闘が続き、世界中が心を痛める。最近のニュースではウクライナ側が反攻、戦況は好転し、ロシアの占領地域を次々奪還している。ロシア軍こそ敗退、士気を落とし、占領地から退散を急ぐ。ロシア本国は慌てており、先週の共産系国際大会「上海協力機構」では、プーチンは中国らから十分支援は受けられず、却って惨めさを晒したという。ウクライナの反転攻勢は、西欧諸国、米国、ＮＡＴＯらの後方支援、武器供与、財政支援、世界中の経済制裁がロシアに効いてきたことを意味する。

しかし、これからの戦況は分からない、ウクライナの大統領ゼレンスキーは断乎、ロシアを叩き出すと言うし、プーチンは一歩も引かず、必ずウクライナを解放すると息巻く。戦争とは、しかくかように、始めるのは容易く、終わるのは難しい。

〔そこで聞きたい、原田さん〕貴殿は戦争の初期三月、四月ごろ、この戦争は必ずロシアが勝ち、必ずウクライナが負ける、米欧日がいくら後方支援、武器供与しても、戦争が長引くだけで結果は変わらない……と断じられた。貴殿は〔読み・見通し〕を誤られたのではないか、どう答える。

〔原田〕良く聞いてくださった。私は明言した、この戦闘、ウクライナの領土内だけでやる以上、ロシアは攻めるだけ、ウクライナは守るだけ、米欧がいくら背後から援助しても最後ウクライナは負けるだけとなる。ウクライナは国連と米欧に働きかけてＰＫＦ、国連軍、さもなくば、多国籍軍でもって、ロシアのプーチンとモスクワを直接叩かなければ、戦争は終わらない、ロシアの国民にプーチンと戦争の不合理さを知らさなければ、戦争は長引くだけ、その間無実の市民、子どもたちが多く死ぬだけとなる。

ウクライナは大健闘している、しかし終戦は見えてこない。戦争は長引き、毎日、毎日市民の犠牲は増え続ける。国内での善戦は望ましいが、プーチンに戦争を止めさせるためには、結局プーチンを潰すか（暗殺含む）、国内世論、国際世論に訴えるしかない。結局戦闘が領土内に止まる限り終戦も和平もない、白兵戦が続く限り犠牲が増えるだけ。だから私は国際的警察軍、現実にはＰＫＦ又は多国籍軍を国連中心に構成すべきと訴えた。

安易な和平は決して行うべきでない。一部占領地のロシア領土化を行うと、必ずベトナム戦争のような民族解放戦争が半永久に続く。ヨーロッパのど真ん中での民族戦争は、国際平和、世界繁栄にとって決して認めることは出来ない。

ウクライナの善戦、巻き返しは嬉しいニュースだ。然しロシアとプーチンに向けて、武力には武力を敢然と見せることが、戦争を止めさせ、尊い犠牲を一人でも増やさず、遂には国際社会に今もなお「悪には反撃する」という国家の勇気こそが結局人類が積み上げてきた「正義の鉄則」であることを示すことになる。

一九六二年十月、キューバ危機でケネディ大統領が実行したあの勇気こそが、今日までの世界平和の正義規範となってきたことを、私はただ愚直なまでに信奉している。

九月二十日（火）

東京湾横断橋（アクアライン）を渡る若かったあの頃

半日かけて千葉県を往復しました。千葉県鴨川市の長期計画（「鴨川プラットフォーム」）に深く関わっており、詳細は後日に。

「東京湾横断橋」（アクアライン）を走りました。中間地点、「海ほたる」と呼ばれる休憩地は多くの

人で溢れていました。今や一大観光地にもなっているそうです。私はこの横断橋をいつも飛行機からは見下ろしていますが、実際に走るのは本当に久しぶりです。

東京湾横断橋は神奈川県‐千葉県、川崎市・木更津市、十五キロを結ぶ、完成は一九九七年十二月という。私は川崎市の側から少し関与したことを、今もって誇りに思っています。

横断橋計画は国の国家プロジェクト、威信をかけた大事業で、相当昔から存在した。川崎を地盤とする自分の選挙活動では、当然それが最大のテーマの一つでもあった。千葉県の側は建設に非常に熱心であったが、川崎の側は、むしろ反対であった。市長は共産党系で、交流開始すれば都市経済が千葉に奪われる、環境問題が起こるという理由で、市民も大方は消極的であった。私は東京から建設大臣（当時）を呼んで来たり、また千葉の推進派、有名な「ハマコー」（浜田幸一）先生を呼んで来たりで、建設推進の立場で懸命に運動をした。私の国会議員当選は一九九〇年で、その二年後、工事の起工式（鍬入れ式）には川崎市側代表として出席した。環境議論はその後も続いたが、私は福岡県に転居したため次第に縁遠くなった。

　その横断橋を久しぶりに走りました。多くの車が連なり、「海ほたる」は人が溢れ、若かった（四十代）あの頃をふと思い出したものです。（写真は「海ほたる」、遠景）

九月二十三日（金）

原発、耐用年数四十年問題

　新聞（産経）に「原発四十年」問題が載った。地味な記事で、多くの人は気にも留めなかったろう。しかし私にとっては稲妻が走った。漸くここまで来たか、あれも無駄でなかった、と独り頷いた。
　私は議員最後（昨年十月）まで、自民党の「原子力安全委員会委員長」を務めた。選挙も近づく中、私は電力業界、経産省、（環境省）原子力規制委員会、さらには与党公明党と懸命に説得した。自民党幹事長にも説明したら、選挙も近いので正式発表は後にしてくれと抑えられた。
　私は、エネルギー庁で育ったので、「エネルギー専門家」を自任している。環境保護（脱炭素）と経済成長を両立させるには、結局はより安全な原子力政策を続けるしかない。中国、ロシア、インドらがそれを続ける限り、日本こそが原子力技術を最高レベルに持たなければ世界のエネルギー安全は維持できない。
　日本の原子炉は、耐用年数四十年、例外的に六十年と法定され、欧米ははるかに弾力的で、差があった。電力業界も国会も、経産省も原子力規制委員会も疑わずそれを守っていた。私は多くの人の話を聴き、外国の例を調べ、勇気を奮って四十年規制の緩和を提案した。「絶対に安全性を確保する」という一筆を入れて遂に関係者の了解を得た。

私の議員生命はそれで終わった。いつか世の中は分かってくれる、そう思いながら私は国会議事堂を去った。

九月二十三日（金）

安倍晋三元総理、国葬

九月二十七日、日本武道館にて安倍元総理の国葬が厳かに行われた。私は「元議員」の立場で招待を受けたが、昔の議員たちとも多く久しぶり挨拶を交わした。

葬儀式は安倍氏の政治的功績、その国際的広がりと影響力、人間性までが立派に表現、演出されていた。儀仗兵、軍楽隊や弔砲にはとりわけ感動を覚えた。国葬そのものに是非論、反対論なるものも多かったが、岸田文雄首相の指導力でここまで持ってこれたことは率直に評価しなければならない。外国要人も多数に及び日本の国際的面子も十分に果たされた。

私はこの偉大なる人物と同時代に生き、懇意といえるまでに近づけたことには、改めて身の幸せを感じている。東京の天気は快晴で、式場そばの街頭献花台は一般市民で大変な混みようだったという。安倍氏が真に多くの人々から好かれ敬愛されていたことを表すものであろう。

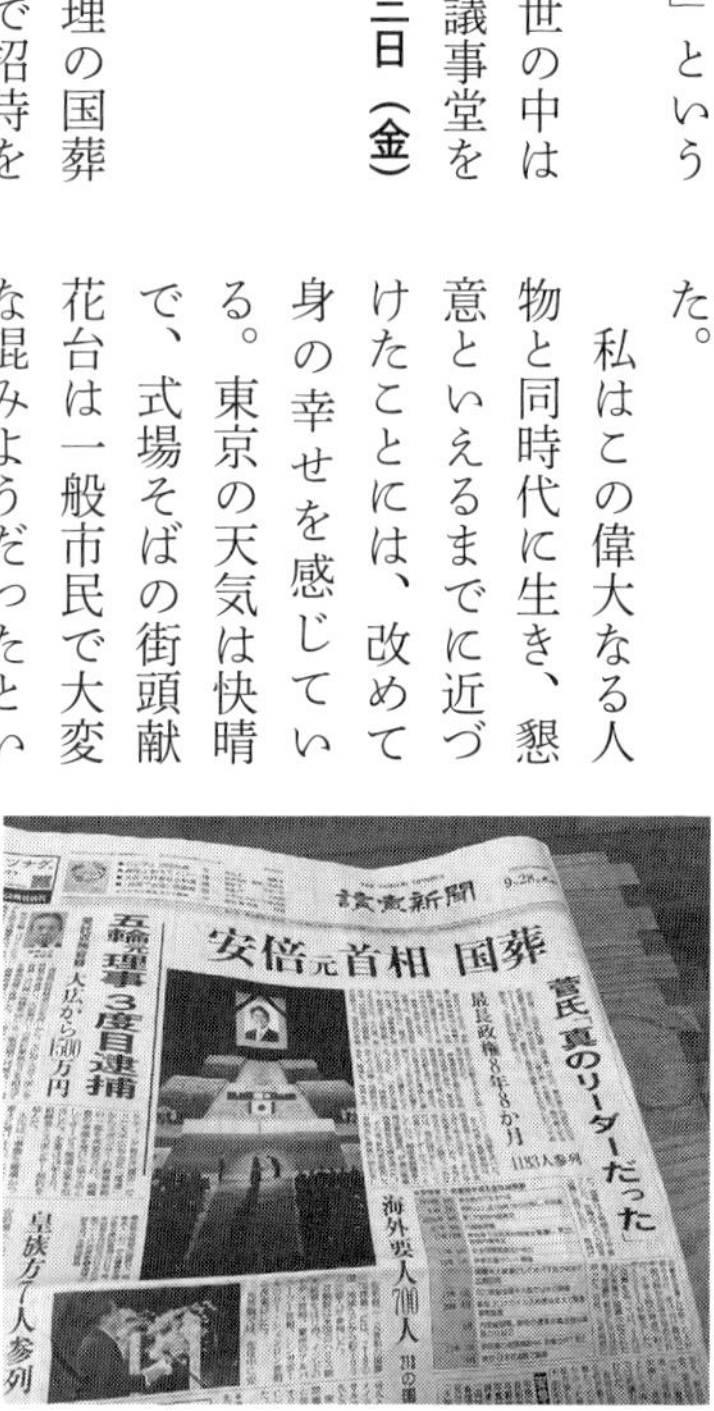

九月二十八日（水）

安倍元総理、国葬（その二）〔私の弔辞〕

九月二十七日、安倍元総理の国葬が国立武道館（東京）で行われた。私は一方で、地元福岡（春日市）において自衛隊関係者の慰霊祭に招待されていたが、国葬に参列したため、自分の思う処を弔辞にまとめ、お許しを得て、秘書代読とさせていただいた。

【弔辞】

安倍晋三元総理の国葬にあたり、心からの誠とお悔やみとを捧げます。

あの衝撃の事件以来三か月、私たちは、大きな喪失感の中で、元総理のご活躍と実績を辿り、得たものの大きさと失ったものの大きさを改めて感じております。そして漸くにして、私たち国民は、先生の死を乗り越えて未来に向かって雄々しく立ち上がらねばと決意するに至りました。

私たちは今先生と共に激動の時代をともに歩き得たことを、喜びと誇りを持ってふり返っております。政治も経済も外交も未だ混迷の時代にありました。そこに若き安倍先生が颯爽と登場しました。先生は、アベノミクスという分かりやすい経済政策、選挙には絶対強いという安心感で、国民に明日を生きる勇気を与え、政治、経済の明確な方向を示して頂いた。米国や西欧諸国とは外交、連携の絆をより強化し、一方中国、ロシア、北朝鮮という真逆の思想を持つ隣国には、わが国の国益と気迫を断固として示し、国防強化を具体化されました。

不肖私は、先生とは多少先輩になりますが、お互い若き頃より特別懇意にして頂きました。選挙応援にも何回も来て頂いた。出身地が山口県と福岡県と親近感があったこと、何より中国、ロシアという共産イデオロギーには激しい危機感を共有していたことなどで、常に政治行動を共にしてきました。私が尖閣列島批判を始めた時もいの一番に支えて下さった。あまつさえ平成最後の内閣では環境大臣、国務大臣に引き上げるという栄誉を与えて頂き、私も全力で頑張りました。

折りしも、元号が平成から令和に代わる歴史的瞬間を閣議の場で共有したのです。実はこういう秘話があります。令和元年の初日は、その年の五月一日でしたが、丁度ひと月前の四月一日に令和の元号が決定しました。翌四月二日の閣議の時。私は安倍総理に突然、「原田さんちょっと」と手招きされました。私は恐る恐る近づきました。「原田さん、良かったね。令和は万葉集の太宰府からきたんだってね。それじゃあ、太宰府も福岡県も頑張らなくっちゃいけないね。」と言われました。私は突然の励ましに身を固くしたものです。

安倍先生との思い出は限りなくあります。先生をここで失うことは、もちろん個人的にも悲しく辛いことではありますが、その偉大さゆえに日本人として、また国家として、測ることのできない喪失であります。残された者の役割は、結局は先生が身をもって示し、示されようとしたことを少しでも実現していくことであります。そのためにも東アジアの安全保障、中国、ロシアの悪意の謀略を抑え込み、台湾を守り、遂には日米インド、オーストラリアを中心とした安全保障の体制を確立することであります。それには日本人が今後ともしっかりと国家として頑張ること、経済的、金融的にも国際社会で尊敬されるような国であり続けることが必要であります。残された私たちがその少しでもを確実に達成することで、安倍先生へのせめてもの供養になればと思っております。

名残は尽きませんが、春日基地関係の皆さまとともに、安倍元総理のご冥福を心からお祈り致します。どうぞ安らかにお休みください。

令和四年九月二十五日

前衆議院議員、元環境大臣原田義昭代読

九月二十八日（水）

安倍元総理、国葬（その三）
「令和と太宰府」

令和が始まって直ぐ。元号「令和」が太宰府市に起源を持つことが全国に広まった。その原点「坂本八幡宮」には連日二、三千の人々が駆けつけていた。

太宰府市長楠田大蔵氏と私は、総理官邸に安倍総理を訪ね、総理にご挨拶とお礼を述べて、この写真を撮りました。「令和」の揮毫は楠田氏の直筆になる。総理は帰り際に「二人仲良く太宰府、福岡のために頑張って下さいよ」と諭された。

楠田氏と私は、長い長い間、（殆ど平成の期間中、平成の初めから、平成三十年一月の市長選まで）、地元の衆議院選挙で血みどろの闘いをした。安倍総理は、そのことを踏まえて、「二人仲良く」に力を込められたものであろう。令和が始まって（五月一日）ひと月後、六月十二日のことである。

九月三十日（金）

国際福祉財団から感謝状

十月一日、福岡県地元の任意団体「梅朋会《ばいほうかい》」が国際福祉団体「World Vision, Child Sponsorship（ワールドビジョン、チャイルドスポンサー）」より感謝状を授与されました。

梅朋会は二十年以上地元の親睦団体として活動してきましたが、「吉塚千恵子会長」の引退引継ぎにあたり、百万円の会計残務を福祉団体に寄付をされた。その御礼に団体の女性役員が東京から感謝状授与に駆けつけていただいた。心ばかりの授与式が公民館で開かれた。余興では地元の歌手「高千穂ひろみ」さん母子の熱

演が華を添え、大変に盛り上がった一日となりました。

〔注〕

一、梅朋会はほぼ二か月おきに開かれ、自由な勉強会と懇親会、全て会費で運営されその堅実な運営が今回の寄付に繋がりました。吉塚、山内会計実務にお礼を申し上げたい。今後は私（原田）が会長に選ばれました。

二、「ワールドビジョン」は国際福祉団体で、貧困の途上国の子供たち支援に活動しています。私も長く協力しており、特定の子供一〜二人を保護者、スポンサーとして応援する形を取っています。

三、「高千穂ひろみ・満明」は母子グループで地元中心に活躍しています。持ち歌「明日葉《あすたば》の詩《うた》」はDAMにも入り、今全国のカラオケ店で歌われています。

四、この日は私の誕生日と重なり、あちこちで何回も「ハッピーバースデー」を歌っていただきました。身の幸せを特に感じました。

十月三日（月）

福祉財団から感謝状（その二）
世界の子どもは世界の宝

ワールドビジョン財団のChild Sponsorship（チャイルドスポンサーシップ）とは、途上国で恵まれない子供たちに特別の援助を行う制度です。特定の子供を割り当てられ、その子らと文通や交流も行うプロジェクト。私はいつも二人、ミャンマーとケニアだかの子どもを受け持っています。どこの子でも子どもは可愛い。その苦しい生活環境は、われわれ日本人は想像もつかない。二百円の援助で一日生活できるというような状況を知ると、世界はまず平和、そして豊かな国は貧

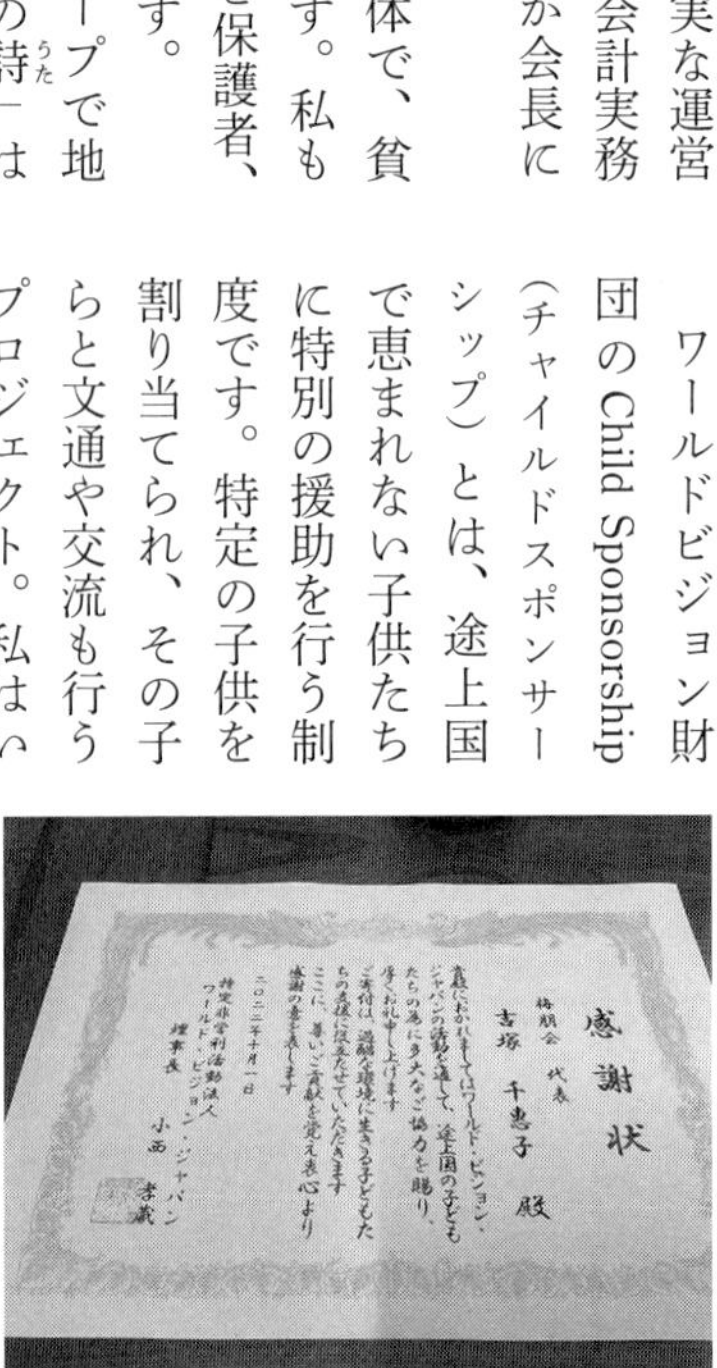

しい国の、とりわけ子どもたちを援助し、教育を受けさせなければならないと思うようになります。日本の子どもは日本の宝、世界の子どもは世界の宝です。

十月三日（月）

原子力発電所、耐用年数四十年六十年問題（その二）

国にとって原発エネルギーは重要であり、現下の世界情勢の中で、岸田内閣は旧来にましてより積極的なエネルギー政策に転じています。現行の法律（原子炉等規制法）では「原子炉の耐用年数は原則四十年、例外

的に六十年まで」となっていますが、一昨年来その科学的根拠、緩和、延長に向けての議論が起こっており、私が自民党内でその議論を引っ張ってきました。昨年暮れの総選挙で中断し、私も落選で国会を去りましたが、この問題は今や政府部内の政策論として本格的に扱われています。心強い限りであります。

十月八日（土）

ノーベル平和賞、平和人権団体に

今年のノーベル平和賞はウクライナ、ロシア、ベラルーシ三カ国の平和人権団体に決まった。現下のウクライナ戦争の当事者三カ国に限って意味するものは極めて重要で、ノーベル財団がプーチンに対して馬鹿な戦闘を「直ぐ止めろ」と言っているに等しい。ノーベル平和賞は毎度、その政治判断に対して良し悪しの議論が行われるが、今回ほど明確な決断は珍しくも、誉めてやってよい。よく言ってくれた。

ただプーチンにはどれほど効いたか。

十月八日（土）

ウクライナ戦争、その後

ロシアのウクライナ侵攻が泥沼になってきた。戦闘はロシアが行き詰まり、ウクライナが反撃、奪還に転ずる様相。焦るロシアは、占領四州で住民選挙を行い独立とロシアへの併合を強行した。この茶番を国際社会が認めるはずもなく、プーチン、ロシアは自ら墓穴を掘り、精神障害さえ懸念させる。和平の見通しはますます立たず、ウクライナの国土破壊と国民の犠牲は増え続ける。

国連も、米国も、NATOも、中国も、多分どうして良いのか分からないのがこのウクライナ戦争であろう。

十月八日（土）

日本会議福岡の記念式典

由緒ある自民党系市民団体「日本会議・福岡支部」が発足十年を迎えた。本会は憲法改正、防衛政策、皇室尊崇、英霊顕彰などを立会の趣旨に掲げ、私はその思いを共有して東京本部、地元支部への会員歴は長い。国のこれからの行く末に最もしっかりとした方向を示そうとしている。

江崎道朗氏（政治評論家）の安倍晋三論の講演があり、続いて支部会長松尾新吾氏（元九電会長）への感謝パーティ、非常に意義のある一日であった。多くの人とも再会した。

十月十日（月）

杉浦元法務大臣、米寿祝い

元法務大臣「杉浦正健《せいけん》」氏の八十八歳米寿祝いが行われた。杉浦氏は私のだいぶ先輩になるが、現役時代は同じ弁護士出身で馬が合い、大変ご指導も受けた。

東京のホテルでは久しぶり、盛大かつ晴れやかなパーティで、多くの現旧議員、弁護士らと旧交を温めた。小泉元首相、小池都知事、細田衆議院議長、小林日本弁護士連合会会長、片山さつき参議院議員らと邂逅《かいこう》した。杉浦氏の人望と人脈の広さに感心したものだ。

なお杉浦氏の深い思いもあって、「死刑廃止論」の議論が随所に展開された。私は一貫して反対の側に立っているが、杉浦氏の一途な人柄に改めて畏れ入ったことであった。

十月十四日（金）

「万葉集、鳥取大会」大成功

十月十五、十六日、『令和の万葉大茶会』（鳥取大会）が鳥取市で行われ、成功裡に修了した。この事業は、令和が始まり、その元号の由来が古典「万葉集の『梅花の宴』」から発したことの故を持って、文科省文化庁の正式事業「日本博補助」の対象となった。シリーズもので、東京、高岡市（富山県）を経て今回は三年目、来年は太宰府市の番、続いて多賀城市（宮城県）、明日香村（奈良県）が予定されて、この六年の期間でわが国の誇るべき古典「万葉集」を現代的に見直し、文化遺産の再確認と国民の一体感を取り戻そうという壮大な意味が込められている。

古式の茶会、中学生の朗詠発表会、地方の演舞、音楽会に加えて水素エネルギー活用までを実演、そして本番の式典、文化講演、交流会と大会の運営は終始素晴らしいものとなった。鳥取県（平井伸治知

事）、鳥取市（深澤市長）、倉吉市（広田市長）らのご努力、さらに国会議員石破茂衆議院議員らの県挙げての総合力でこそこの大成功は成し遂げられた。来賓は全国関係都市の首脳、とりわけわが太宰府からは市長、議長、天満宮宮司らで、次年度主宰への意気込みが見て取られた。

私も関係者として出席して、多くの人々と挨拶した。

話しは遡る。「令和」の元号は太宰府での国司「大伴旅人」の万葉歌から取られたとされる。私は、折りしも令和元年（二〇一九年）には環境大臣を務めていたが、その夏にG20主要国の環境大臣会議が長野県軽井沢で行われた。私は、折角各国の環境大臣を迎える以上、環境議論を刺激するため「水素エネルギー」の実演を披露したが、一方で何か日本的な出し物と考えて太宰府の「梅花の宴、大茶会」を発案、実行した。水素エネルギーという近未来と万葉集という一三〇〇年超古代の組み合わせは、案外に評判が良かったらしい。「万葉集」は文科省・文化庁に言うと理解が早く、正式に進行中の「日本博」補助の年度事業に採用された。

なお、その最初の発想から今日の実行まで、私の秘書「齋藤新一」がほぼ一貫して具体を体現してきたことも敢えて付け加えておきたい。

十月十七日（月）

「東京通産局」ＯＢ会。私の出発点

あゝ懐かしき通産局。昭和五十七、八年頃、私は当時の「東京通産局」（東京大手町）の総務課長にあった。一年余、活力と自信に溢れ、思いっきり仕事した、尊敬すべき上司、多くの若い職員たちに囲まれていた。この組織はその後大きく変遷し、名前も「関東経済産業局」、住所も「埼玉県さいたま市」に移った。後輩たちは今も日本の、関東地域の経済と産業をしっかり支えている。

久しぶり、新型コロナのため三年ぶりかで、ＯＢ会が開かれた。往時の富永局長もお元気にご出席されていた。懐かしい面々、お互い年は取ったが若い頃の面影は健在、皆であの頃の思い出話は尽きなかった。故人たちの話しも出た。

私は在職中、選挙出馬を決意していた。意識は衆議院神奈川二区、川崎市と横須賀市、鎌倉市など。総務課長の職務はもちろん忙しく責任は非常に重い。私は（多分）本務は果たしていた、しかし一方で私の頭の中はほぼ選挙のことばかり、政策、言動、出張……、公務員の政治活動は厳しく禁止されている、しかし全く選挙地盤のない自分にとって、ここで頑張るしかない、内心の悩みは深かった。それを全部分かってなお、素知らぬ顔をして助け付き合ってくれたのが、これら上司、若き職員たちでした。

ある時、労働組合の闘士と一緒した。総務課長職は労働組合とは組合交渉の反対窓口、また自民党と政治行動は当然に真逆。「われわれも原田さんには受かって欲しいものな」、ぼそっと漏らす一言に、私は隠れて涙を拭いました。

かくして「東京通産局」は私の人生の出発点なのです。

十月二十日（木）

「万葉集・鳥取大会」（その二）
「二人のますらを」

今の鳥取県は古来、西に伯耆《ほうき》国、東に因幡《いなば》国に分かれており、伯耆に山上憶良《やまのうえのおくら》、因幡に大伴家持《おおとものやかもち》という万葉歌人をそれぞれ国守に持った。この二人は「梅花の宴」、「万葉集」という文治の行われた大伴旅人《たびと》の太宰府に住み、憶良は旅人を近くに仰ぎ、旅人の子家持は未だ幼少の身でその憶良を学びながら育つという不思議な因縁にあった。

近時、『家持、憶良〜一三〇〇年の時空を超えて』という本が刊行され、県知事の平井伸治氏が「ますらを二人」という文章を巻頭に寄せられている。「ますらを」とは当時理想とされた立派な男子を意味する言葉で、家持はこの言葉で憶良への尊敬の念を示した。「二人のますらを」への理解が深まり、新型コロナや経済問題など困難に立ち向かう令和を生きる全ての人々に希望と示唆をもたらし、（中略）一三〇〇〇年の時を経て、二人のますらをが過ごした穏やかな時代を再び創り上げるように」と平井氏は閉じられている。

十月二十日（木）

「万葉集と鳥取大会」（その三）
子どもを想う歌、山上憶良とともに

瓜食《は》めば子ども思ほゆ
栗食めばまして偲《しの》はゆ
いづくより来たりしものそ
まなかひにもとなかかりて
安眠《やすい》しなさぬ

（反歌）
銀《しろがね》も金《くだま》も玉も何せむに勝《まさ》れる宝子にしかめやも

〔解釈〕
瓜を食べても栗を食べても子どものことが思い出される。子どもとは一体何処から来たのだろう。あ

の可愛さを思えば、目の前がちらちらして、夜もよく眠れない。
　金銀財宝だからと言っても、子どもに勝る宝があるとは思えません。

声を大きく出して詠むと、本当に感動が湧いてきます。私の大好きな歌です。憶良が如何に子どもや家族を大事にしていたかが分かります。

　万葉集には四千五百もの歌が詠まれており、日本民族の歴史と文化、希望と誇りがそこに埋められています。元号「令和」もその中から生まれました。あの偉大な詩人、歌人たちがまさに自分たちと血の繋がった祖先なのだと思うだけでも、私は日本人に生まれたことの幸せを感じます。

　私は、山上憶良の歌が特に好きです。憶良は国守（政治家）でもあったが、大変な社会派でもあった。「貧窮問答歌」を編集し、庶民の喜び、哀しみ、時代の流れ、社会の合理、不合理を歌に託した。現代の私たちの気持ちと全く変わらない。彼は心から庶民の生活を気に懸け、そして何より子どもたちを愛していたことが分かります。

十月二十二日（土）

小室圭さん、司法試験合格

小室圭さんが米ニューヨーク州の司法試験に合格した。本当に良かった。眞子さんも、皇室も、いや多くの国民の皆さんもさぞかし安心されたであろう。

　二回の不合格を経て三回目で合格したという。心配に及ばない、かく言う私は、三回落ちて四回目に合格しました。私こそは「司法試験」というものの厳しさと、その尊さをよく知っています。受験で苦労した分は必ず将来生きてくるのです。受験の圧迫から解放されると、法学の本当の意味、法律が何故出来て、人々にどう関わるのかが、不思議と分かってくるものです。小室さんは人生で多くのことを経験された。多分、普通の人より遥かに多く経験された。これもまた、今後の仕事解決で良い方向に働きます。さらに勉強を続けて立派な弁護士になってください。多くの人々を助けてください。

小室圭君、合格、おめでとう。

十月二十三日（日）

「廃タイヤ」から良質A重油を革命的な環境技術（日本プレスセンター記者発表）

十月二十五日、廃タイヤを処理して優良な再生A重油を取り出す新技術（世界初）について、正式な記者発表を致しました。私はこの十か月、「廃タイヤ再生利用研究会」を組織し、遂に研究開発の成果を果たしたもので、実用化が進めば世界の脱炭素、ＳＤＧｓの推進に大きく寄与するものと考えます。

人類は今、自動車社会の恩恵に大きく預かり、またこの自動車社会は、たとえ燃料がガソリンから電気、水素にかわり、無人化運転になろうとも、タイヤが無くなることはありません。必ず「廃タイヤ」は出てきます。廃タイヤは国中で溢れ、各国ともその処分に苦戦しています。私たちは、今回のこの技術こそが、いずれは世界中で環境対策、社会対策に革命的な役割を果たすものと自負しています。

この技術の事業化への準備はすでに進めており、実用化への第一号機は千葉県茂原市で始まっています。早晩全国展開の予定で、しからば地方においても新産業を広げ、雇用創出に繋がることを期待します。外国からの引き合いも続いており、これが些かでも社会国家のために役立つとしたら嬉しい限りで、私はその展開に大きく期待しています。

「廃タイヤこそ、無限の環境資源！」（私たちの共通スローガンです）。

十月二十八日（金）

千客万来、国際法律事務所

東京事務所は、多くのお客さんで賑わいます。

「国際」法律事務所の名に相応しく、外国関係者の来訪も沢山あります。経済訴訟の大型案件もあれば、国との間の小さな人権問題もある。どこの国でも結局人間は同じです、私は困った人は誰でも助けます。皆が終わった後には、笑顔で帰ります。

写真は、モンゴルの実業家たち、バングラデシュの在日市民たち。

十月二十九日（土）

国会での永年勤続掲額

十月三十一日、お陰様で国会永年勤続（二十五年）表彰を記念する掲額を終えることができました。衆議院別館十二委員室、この委員室で私は後輩議員た

ちの活動を半永久的に見守ることになります。改めて、私を今日まで導いてくれた全ての人々、選挙区の人々、先輩、後輩、後援会、事務所秘書団、そして家族一同に対して心から感謝を申し上げたい。

十一月一日（火）

スケート小平奈緒選手引退、そして相澤病院長のこと

小平奈緒選手が引退した。オリンピック、世界選手権の優勝を何回も重ねて、しかも最後の日本選手権で、それが引退試合だったに拘らず優勝を果たした。恐るべき選手生活であった。

その小平選手にももちろん無名の時代があった。長野県信州大学を卒業した彼女、目一杯スケートはしてきたが、卒業しても就職先がない。結城匡啓監督の努力で松本市相澤病院の事務職に就いた。相澤孝夫病院長は彼女の直向《ひたむ》きさと結城監督の情熱に対して、スケートの練習時間を与えることにした。毎日の練習、外国への遠征、普段の生活補助、トレーナーの付き添いまで手配してくれた。小平は着実に力を付けてきた。そして平壌オリンピック（二〇一八年）の金メダルで一気に開花した。その瞬間相澤院長は小平に向かって、「おめでとう」ではなく「ありがとう」と言ったという。

いったい相澤院長とはどんな人物なのか。試合の遠征にコーチの付き添いまでつけてくれた人。私

（原田）の人探しが始まった。いつも気になっていた。選挙も政治も忙しかったある日、新聞の隅に「相澤孝夫氏、日本病院会会長に就く」という記事が目に入った。その日本病院協会たらに電話して、面会の時間を取り付けた。

「百年の恋」の思いで遂に面会を果たした。環境大臣を終えたばかり、二〇二〇年六月のことであった。私は昂ぶって小平選手のことを口に出した。相澤先生は、さり気なく、「確かまだうちの病院におりましたかね」と答えられた。その静かさにまた圧倒された。

テレビの小平選手の引退会見では、諸々昨日のことのように思い出された。相澤氏は今も日本病院会会長でおられる。

十一月二日（水）

横須賀の後援会女性部長へのお見舞い

横須賀市には久しぶり。往年の女性部「さわやか婦人部」部長の「鍵本美洋子さん」のお見舞いに夫婦して行ってきました。重い病気と聞いていたが何のその、馬力と迫力は昔のまま、同行の「松本順子さん」との掛け合い漫才も止まることはない。私らは専ら気合いを頂くだけでした。私はひたすら、選挙でご迷惑を掛けたと謝るだけなのに、原田さんのお陰で人生がなんと楽しかったかと慰めてくれる。奥の間では仏壇のご主人が笑顔で聞いておられた。

横須賀は私にとって政治の原点。昭和の終わりから平成の五、六年にかけて。誰ひとり知らない横須賀に飛び込んだ。小泉純一郎氏ら最強の（中選挙区）ライバルたちに揉まれながら、遂には初当選（平成二年）。最強の女性軍団と恐れられたのが、「さわやか婦人部」であった。

皆が若かった。女性のパワーは凄かった。横須賀からの国会見学（バス旅行）も二十二回に及び、今でも国会の語り草になっているという。それを引っ張ったのが鍵本さん、松本さんたちであった。

再会を約して街に出ました。十一月三日は「文化の日」、また横須賀は市あげて「港まつり」とか、米軍基地も自衛隊基地も仲良くお祭り風情、大変な人出でした。仰げば雲ひとつない秋空、ウクライナ戦争も北朝鮮のミサイル発射もふと忘れるような、思い出の里帰りとなりました。

十一月五日（土）

廃タイヤ再生事業「環境新聞」で報道

廃タイヤ再処理で優良A重油を創り出す新事業のことが「環境新聞」で報道された。未だ地味な扱いであるが、いずれは全国の環境汚染を一掃する壮大な活動に結びつくものと期待していい。私は目標を諦めない。

十一月五日（土）

「知の巨人」かく言う

「エマニュエル・トッド」という人が国際社会では「知の巨人」として有名だという。フランス人。一九九〇年のソ連崩壊を十年も前に予測していた。二〇一六年米大統領選でもトランプ当選を予想していた。人口動態学者としてユニークな統計数字を根拠として、大胆な未来予測を振り回す。EUの結束こそ最も大事だという。遠いヨーロッパにいるのでわれわれアジアからの意見とはだいぶ異なるようだ。

ロシアやプーチンはどうなるか。ロシア国民は基本的にプーチンの政権運営に満足しており、外国が期待するほど政権は柔でない、直ぐに崩壊することはない。

アメリカは、国家の分断が進み、今度の中間選挙では共和党が勝つ。来年以降の大統領選挙ではトランプ復活もあり得る。大学での技術工学部門の学生割合が、アメリカは一〇数％なのにロシアは二五％に及び、これが米露の強さの差になっている。

日本の役割は日本人

が思う以上に大きい。中国を誇大評価すべきでなく、台湾有事もそんなに心配必要ない。日本はアメリカに過大な期待と結びつきをしない方がいい。本当は日本も核保有した方が純粋に国の安全保障は担保される……。

ロシア国民がロシアのウクライナ侵攻に大義も合理性も全くないことを知ることになれば、さすがにプーチンを排除したくなるだろう。直近のG20外相会議では、「戦争を止められるのは貴方しかいない」とプーチンに呼び掛けたという。このウクライナ戦争は、和平の目処も立たないまま無意味に長引き、無辜の国民が多く死ぬだけなのか。だから私（原田）は米・NATO軍はモスクワ、プーチンを直接武力で叩くべしと訴えているのだが。

十一月六日（日）

COP27、エジプトで始まる

第二十七回国連環境大臣会議（COP27）がエジプトで始まった。各国の地球温暖化対策も思うように進まず、途上国の実行費用を先進国がどれほど負担すべきか、中国、ロシアなどの巨大国の排出規制をどう具体化するかなどが議論される。しっかりとした結果を是非出して欲しい。

私が出席したのはCOP24、ポーランドのカトビッツで行われた。二〇一八年十二月、「パリ協定」の実施というのがテーマであった。米国（トランプ大統領）の協定離脱という大きな国際問題が覆っていた。国の代表として激しく動いていた誇りと会議風景が思い出される。

十一月九日（水）

「皆既月食」に興奮

十一月八日、「皆既月食」となり、私も東京で体験。普段と違う「赤黒いお月さま」で、説明は何度聞いても分からないがとにかく珍しいらしい。併せて「天王星」も月に隠れた。これも珍しいらしく、同時に起こったのは四四二年前で、「織田信長も見たはずだ」という説明がヴィヴィッドで妙に楽しい。
あの無限の大宇宙の動きは全て、寸秒違わず計算できるという。これに比べれば、日常の茶飯事、地球の事件など、如何に小さいかを思わないではない。

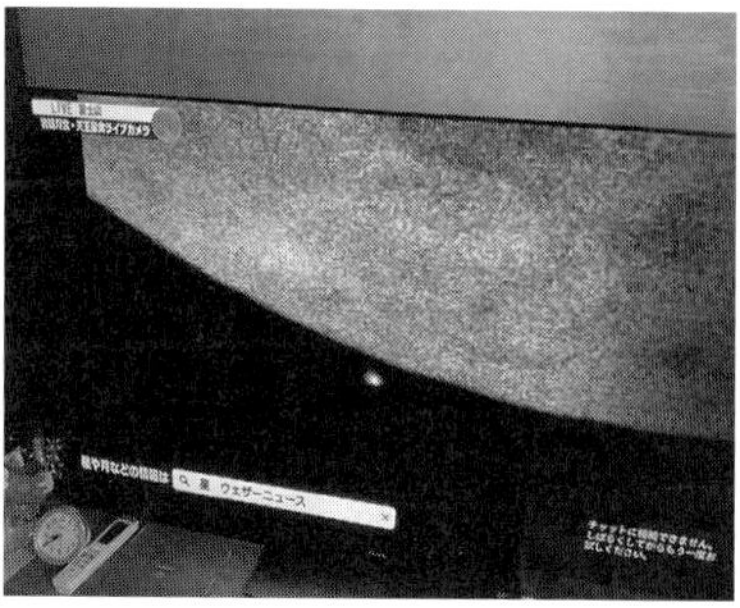

（写真：天王星、隠れる瞬間のテレビ報道）

十一月九日（水）

「事件の涙」というＮＨＫ番組
福島原子力発電所のこと

福島県は沸き立っていた。東京電力の原子力発電所がやってくる、原子力発電所が来れば、県全体が栄え、町中が豊かになる。双葉町の標語公募に小学生の大沢少年は懸命に考えて投稿した。遂にそれが一番で当選した。『原子力明るい未来のエネルギー』の標語は町の目抜き、中央通りに高々と掲げられた。道行く人々の誇りと自信と希望のシンボルであった。大沢少年にとって、なんと誇らしいそれからの三十年だった。原子力発電所は懸命に働いた。国のためにどんなに働いたか。

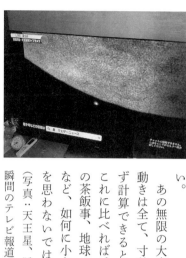

そしてあの地震と原子力事故が起きた。二〇一一年三月十一日。町には放射能が充満し、住民は全て町の外に避難した。十年の月日が経ち、双葉町への帰還許可が出た。人々が徐々に、恐る恐る戻って来た。そして廃墟にも化した街並みの中にあの段幕が皆の帰りを待っていた。『原子力明るい未来のエネルギー』、薄汚れた段幕はしかししっかりとあのことばを伝えている。

大沢氏の心は暗かった。久しぶり双葉に戻って来た。迎えてくれたあの標語。そして今見上げる目の前であの段幕の撤去作業が行われている。明るい未来を真剣に夢見ていた小学生の自分。自分は果たして正しいことをしたのか。間違っていたのか。いや、あの瞬間の自分は、本当に誇りと自信で漲っていた。そして今、誰が何を言おうと、俺だけはお前のことを知っているし、誉めてあげるよ……。

「NHK番組を見ましたが、固有名詞や事実はうろ覚えで、私（原田）の創作と読んでください。ただ私は、大沢少年と大沢氏には心から感謝と激励を送ります。正直、書いているうちに本物の涙が少し出ました」

十一月十二日（土）

ウクライナ、ヘルソン州奪還 プーチン排除を

ウクライナは、ロシアが領有したとするヘルソン州州都（ヘルソン市）を武力で奪還した。極めて喜ばしい。国内の「戦闘」（battle）では優位に立っているが、しかし相手はロシア、プーチン、手負いとなって何をしでかすか、遠くロシアからミサイルをいくらでも打ち込むこともやりかねない。

「戦争」（war）を終わらせるには、国連、アメリカ、NATO、中国など国際社会の働きかけが不可欠である。私は結局ロシアの政変、プーチン排除しかないと思うのだが、ロシア人にその元気も無さそうだ。結局「戦争」は長引き、国土、国民の被害はまだまだ続く。

今こそプーチン排除に、ロシア人の勇気と奮起を促したい。

十一月十四日（月）

「プーチン氏の世界戦略」

と銘打たれた記事で、私は深い思索の海に入った。作家の佐藤優氏（外務省出身）が解説する（産経新聞、十一月十三日「世界裏舞台」）

「一九八九年ソ連の崩壊は世界の政治バランスを崩した。欧米は勝者の気分になり、自分たちの意志、文化、価値、利益こそが世界秩序であると思うようになった。欧米は単独で人類を支配出来ると思っているようだが、それは世界に多くの問題と矛盾をもたらすことになる。

この矛盾を建設的に解消することが今日の歴史的課題である。転換は痛みを伴うがあらゆる国家、社会、文化、国家観、宗教信念をも取り入れる人類文明のシンフォニーこそ目指すべき。プーチン氏は内政において同性愛に反対し、ロシア正教の価値観に基づいた伝統的家族を維持する。国際関係では欧米、アングロサクソン型の単一価値観（自由、民主主義、市場経済など）を普遍的価値観として押し付けることを嫌う。各国家、民族が自らの伝統に沿った個別主義を取るべきと訴える。

佐藤氏は、プーチン氏はロシアを伝統と宗教を重視する世界の保守勢力のネットワークのハブ（枢軸）にしようとしている。ロシアがアジア、中東、アフリカ、中南米の保守勢力に影響力を拡大している現実を軽視してはならない。と結んでいる。」

今年の二月二十四日、ウクライナ進攻以降、私はプーチン氏を精神異常と決めつけて、非難と嫌悪をこめて「プーチン」と呼び捨てにしてきた。この侵略には何の正当性も合理性も見られず、本人の精神錯乱からくる完全な政策ミスとロシアでは批判勢力のいない権力独裁からくる強行性の結果であり、これを解決するには政権交代か（暗殺を含む）プーチン排除しか無いと広言してきた。

そのプーチンにこのような、それらしき思想があったとは驚きであった。大国の指導者に国際的発言があっても不思議でなく、政権の取り巻きはそれを美化して繕ってきたことは認めるが。

そも近代政治は、冷戦時代を取り出すまでもなく、社会主義をどう扱うかイデオロギー闘争の時代であった。プーチン氏がその狭間で生まれ活動したことは認めるにしても、しかし二十一世紀も進んだ今、今回のウクライナ侵攻はイデオロギーを超えた余りの暴挙であり、直ちに終戦して必要とあらば、国内的に責任取ればよい。国際犯罪への断罪はこれから始まる。

十一月十六日（水）

「加瀬英明氏」死去　国賓来日反対の同志

外交評論家で、屈指の保守論客の「加瀬英明」氏が亡くなられた。老衰、八十五歳。戦後の国連大使加瀬俊一氏を父に持ち、外交評論家として豊富な人脈、歴代の首相や外相の特別顧問として対外折衝に当たった。保守論客として、日韓労働者問題、慰安婦問題、南京事件などにつき代表的論陣を張り、国益増進に務めた。

私も、比較的近くでご指導を賜った。

一昨年（令和二年）、世は習近平国家主席の「国賓来日」で揉めていた。私は自民党の中で、ほぼ唯一、明確に「絶対反対」の立場をとった。民間主催の「来日反対国民運動」が東京日比谷公園で開かれた（三月八日）。国会議員も多く予定していたというが、結局出席したのは私だけとなった。私と加瀬氏は、銀座の目抜きの街頭パレードに「国賓反対」のスローガンを掲げてともに歩いた。

なお、習近平国賓来日は取り止めになった。日中両政府からは、「新型コロナの蔓延防止のため中止」と発表された。

十一月十九日（土）

三大臣辞任と岸田内閣

このひと月の間に三人の大臣が辞任した。それぞれ理由も違うし、政治背景も異なる。岸田内閣は保つかという議論も出ているが、心配には及ばない。

この三人は、いずれも私の後輩に当たる、親しくもあった。資質に恵まれ、将来性を大きく嘱望されている。この難局は事後処理を誠実に果たしていけば、十分のりきっていける。政治家とは、一瞬も気を緩められない難しい仕事で、三人とも今回は多くのことを学んだであろう。

野党もこんなスキャンダルばかりでなく、経済政策、安全保障などを徹底的に掘り下げることでしか国民の真の支持を取り付けることはできない。

十一月二十三日（水）

日本、ドイツ破る。ワールドサッカー

中東カタールで行われているワールドサッカー大会。日本の緒戦ドイツ戦で、ほぼ不可能と思われていた勝利を日本が勝ちとった。

あの「ドーハの悲劇」は一九九三年に起こったが、実に三十年ぶり、今度は「ドーハの奇跡」と呼ばれそう。

流石に国中が歓喜している。スポーツの国際大会の威力を覚える。

十一月二十四（木）

日本一敗、コスタリカ戦
ワールドサッカー（その二）

二戦目は中南米のコスタリカが相手であったが、今度は上手くいかず一－〇で負けた。強豪ドイツに奇跡的に勝利した日本、一回戦大敗したコスタリカ相手となると如何に自制しても精神は緩くなるもの、遂にその心配が現実となった。

予選リーグ、後は強豪スペイン。結果は如何であれ、国民はそれを従容《しょうよう》として受け入れる、ただ全力で頑張ってくれれば良い。私は一人一人のサムライたちを心から誇りに思っている。十一月二十九（火）

ワールドサッカーと「政治学」

サッカーの世界大会に国民が何と湧《わ》いているか。私も、「国家行事」もかくやと興奮する、たかがス

ポーツ試合なのに。

古代ローマ時代に、「パンとサーカス」という言葉が流行った。パン＝食べもの、サーカス＝娯楽、この二つは大衆が喜ぶ、誰も嫌わない。この二つがある限り大衆は満足し、不満不平をいうものは少ない、その間政治家は安心できる。

爾来、この「パンとサーカス」を取り入れることこそが世の東西、政治の基本となり、政治家の生きる要領となった。国内が不安な時には国外に戦争を起こす、隣国との付き合いは遠交近攻など、政治には古来無限の手法や選択肢がある。「政治学」とはこれら人間が取る行動原理を「科学的に分析」する学問である。

中国は習近平共産党体制で固まったか見える、コロナ禍の恐怖を上手く使ってきたから。一方で然し「ゼロコロナ」政策をやり過ぎたので大衆のコントロールが効かなくなってきた。全国各地での民衆デモも今は警察との衝突にあるが、仮に軍隊が出動することにでもなれば結構深刻、「第二の天安門事件」になりかねないとの憶測もある。

プーチンも外敵（ウクライナ）を攻めることで内政の不満を免れようとした。この侵略は合理性も道徳性も欠いており、遂にはロシア大衆の我慢と忍耐を越える処まできている。プーチンの命運も長くはないとの憶測も。

さて現代の「パンとサーカス」。「パン」は食べもの、経済、エネルギー不足、物価、インフレ、円安と雇用、何れにも日本の岸田首相は心から悩んでいる。一方で「サーカス」（サッカー）の方は絶好調、国民は遠くダッカの試合結果に「一喜一憂」、国民は多分幸せなのだろう、岸田氏の内心は実はもっと幸せなのだが。

習近平もプーチンも自国のサッカーを強化して、ワールドに出場させておくべきだった、岸田が羨ましい、と悔やんでいるかも。
〔注〕私は、東大法学部「法律学科」でなく「政治学科」を卒業しました。成績は「優」一つ、「良」六、七、残り三十くらいは全て「可」でした。それ

でも立派な卒業と思っています（昭和四十三年三月）。

十一月二十九（火）

『政治家の力、弁護士の技』何故私は闘うのか新著発表
若人よ、「甦《よみがえ》る力」を身につけよ！

今年も新著を出した。これで出版十七冊目だかに当たる。社会への啓蒙、情報の発信を目指して、およそ政治家としての考えを隠さずに書いた。深夜若しくは早朝、ひとりパソコンに向き合い、自分の思想と日常を振り返る。反省を加え、勇気を鼓舞し、遂にはこの国の行く末と、自分の身辺までを内省する。常に自分との闘いでもあった。

七十七歳のこの歳で、今年は最悪だった。厳しい挫折の年となった。遂に落選し政治家を引退したことは、全てを失い、人生を終えたことを意味した。しかし私はぐっと耐え、乗り越えた。何故か新しい生命を得て人生を出直すこととなった。「甦る」と

いう漢字は、つぶさに見ると「更に生きる」と読める。自分の人生は「甦った」と気付いた瞬間、体内心底から不思議な力が湧いてきた。自分の生い立ちを今までになく露出し、政治家としての思いと使命《ミッション》を辿った。弁護士に至った偶然と必然、そして今後は国際的な弁護士を天職として生きることも宣言した。

タイトルは『政治家の力、弁護士の技』と大上段に振りかぶった。誇るものは何一つ残していないが、いや、原田義昭の意地だけは残っていた、このどん底から這い上がる生き様だけは綴《つづ》ろうとした。過去のことでも、他人の話でもない、元議員が挫折から甦るありのままを見てもらう。敢えていう、今人生に失敗して逆境にある人々、若い人もいるだろう、その人々に私の意地を見て欲しい、見習って欲しい。

私も人並みに栄枯も盛衰も経験した。しかし今私も君らと同じく苦悩と模索の真中にいる。共に頑張ろうと呼び掛けるのも、また若い奴よ、ぐずぐず言わずしっかりしろと怒鳴るのも、私だからできる。

今の日本は一体、何だ。あの経済大国は何処行った。この円安で東南アジアの出稼ぎは日本に来たくないと言っている。日本の平均所得は韓国より低い。中国のGDPは日本の三倍となった。

新型コロナもあったし、プーチンのウクライナ侵攻も、物価高インフレも国民を直撃する、しかしこれらは全て世界中の国々、日本だけの問題でない。

あらゆる経済指標は世界の後れを取り、教育指標、科学発展指標は世界の平均値をうろうろする。産業のコメ半導体だって、世界の八〇%をシェアしていた日本が、今や台湾や韓国、米国に頼りっきりという。デジタルやGAFA、テスラやイーロンマスク……、では日本のソニーやNTT、トヨタや富士通は今どうなっているのか。

決して日本はでない。力を溜めて、きっと甦る。政治も経済も、社会も外交も。日米、インド太平洋同盟、日欧協力、自由と民主主義は必ず中国、ロシアに勝つ、先ず憲法を改正して自らを守れ。安倍晋三は命を賭して言い残したではないか……。
【頒価一三〇〇円】
連絡先〇九二・九二八・八〇六一
〇三・六二六二・三〇七六

十二月四日（日）

柔道の星、キルギスとの交流

　中央アジアにキルギス共和国という小さな国がある。中国の裏側に位置し、昔はソ連邦の一員であった。私は衆議院外務委員長の時関わりを持ち、三度ほどこの国を訪問したこともある。「日本キルギス議員連盟」の会長も務めた。親日国で、わが国にとっても非常に大切な国である。リーダーの「マサビロフ氏」はキルギス側の議員連盟会長でこの度所用で来日したので、四、五年ぶり、歓迎会を開いた。東京隅田川の船宿（川下り）という珍しい所を選んだ。

　キルギスはコロナ感染症、ロシア・ウクライナ戦争も大変で、政治経済も安定しない。かねてより中国との接近が、私には懸念事項であった。
　マサビロフ氏の息子アサド君も参加した。彼は今「国士舘大学四年生」で、柔道で頑張っている。当時まだ高校生で、父親は日本で柔道を強くさせたいと強く望んでいた。私が国士舘大学の柔道部を探して、大学学長や柔道監督らに挨拶に行った。
　青年の四年間は凄い、シャツから盛り出る胸や上腕筋、耳だこ（カリフラワー）は真面目な柔道稽古と厳しい合宿生活を物語る。九十一キロ級、国士舘でも選手になった。本国キルギスから代表選手に選ばれ、最近の世界選手権でも優勝したという。今やはっきりと二〇二四年パリ・オリンピックに照準を定める。卒業しても日本で稽古したい、と強く願う。「日本のお父さん」と何度も呼ばれる以上は私も放っとくわけにはいかない、マサビロフ氏には別れ際「息子のことは任せなさい」と言っておいた。

十二月七日（水）

キルギス（その二）

キルギスの議員団から頂いた記念掛け軸。布地に織り込む伝統技術でのどかな山岳風景が描かれています。

心なしか「富士山」と「日の丸」が入っているような。

十二月八日（木）

自民党麻生派を訪問
米国・前「安全保障委員長」のご紹介

ほぼ一年ぶり、自民党麻生派「志公会《しこうかい》」の昼食会（総会）を訪問、麻生太郎先生ほか全員に暮れの挨拶を済ませました。この一年、日本は政治も経済も外交も大変でしたが、同志たちが政治の先頭に立って頑張っていることに感謝の気持ちを伝えておきました。

さらに今日は、アメリカの要人、経済安全保障の専門家で、前「国家安全委員会（ＮＳＡ）」事務局長Richard Marshall博士をお連れした。総会にご紹介、一言挨拶を頂いた。大要「政治経済の安全保障分野で日米連携は一層強まっている。とりわけ半導体産業は世界的に不足しており、日米ともに台湾（ＴＳＭＣ社）からの投資に大きく依存している。方向としては正しいが、ＴＳＭＣ社といえ、背後には中国の影響、技術移転危機が潜んでおり、日米と

もに決して油断してはならない。特定秘密保護法、Security clearance，スパイ防止法の制定などが必要」など、私の解説も加えて政治家たちに伝達された。事後、マーシャル博士と麻生太郎会長はしばらく談笑された。（写真左は「深田萌絵」さん。通訳でＩＴ，半導体の専門実業家、安全保障問題の保守派論客でもある）

十二月九日（金）

アパホテル、年末パーティ

アパホテルグループの恒例、年末パーティは相変わらず賑やかなもので、懸賞論文発表会を兼ねていました。代表の元谷外志雄氏は、日本はおろか世界のホテル王を目指す。五十年の経営史の中で一度も決算に赤字を出したことがないという。その上昇志向は衰えることを知らない。

元谷氏は実業家と合わせて今や希代の保守論客で、二兎を追うものこそ成功すると身を以て実証する。出会った人を奮い立たせるカリスマを持つ。

私は呼ばれてステージに立つと「環境大臣で、レジ袋有料化や福島原子力発電所の汚染処理水の海洋放出を発表した。世の猛烈な非難を受けた時に、元谷氏から最も強い励ましを受けた。反対が大きければ大きいほど世のためになるということを学んだ」と演説した。

なお北海道の「中村恵子」さんが懸賞論文で大賞を得た。彼女とはいつの頃からか文通していた。蝦夷地（北海道）の開拓歴史の中で、松前藩の大和武士たちが如何に大きな役割を果たしたか、通説を塗り替えるような大論文だったことが評価された。私は中村さんとの初面会を、手を取りあって喜びました。

十二月十日（土）

マーシャル博士と日本会議会長ら

十二月九日には場所を福岡に移し、元米国ＮＳＣ（国家安全保障会議）事務局長Richard Marshall博士一行は「日本会議福岡」の松尾新吾会長（九州電力特別顧問）らと会見した。日米間の経済安全保障問題をテーマに、とりわけ台湾のＴＳＭＣ社の熊本県投資の問題点を議論した。背後に中国の影響、技術盗難のリスク、情報のセキュリティ洗浄の問題があり、かつ半導体工場は電力多消費、環境汚染が大きくＴＳＭＣ社からの情報開示が必要とされている。九州電力にとっては地元の問題でもある。

十二月十二日（月）

「平井一三《かずみ》」氏、筑紫野市長選へ

地元懇親会「梅朋会《ばいほうかい》」（会長原田）において、前福岡県会議員「平井一三」氏が、来年一月の筑紫野市長選に出ることを発表された。平井氏はこの目的に向けて黙々と準備されており、また政治に対して非常に強固な信念を持つ。

平井氏は一年前の私の選挙でも、一貫して私を支えてくれた同志である。厳しい選挙戦になろうが、私も当然その応援に立つことになる。

「梅朋会」は先般、国際福祉団体「ワールドビジョン」より特別感謝状を授与された。吉塚前会長からも力強い応援の弁を頂いた。

十二月十三日（火）

プーチン苦境か、戦争終結を急げ

ロシアのウクライナ侵攻も十か月になる。他国の人にはつい日常化しているが、ウクライナの人々はこの極寒でどんなに苦しんでいるか。とにかく一刻も早く戦争を終わらせなければならない。

ウクライナの無人ドローンがロシアの軍事基地を爆撃して被害を与えたところ、ロシアはプーチンも含めてえらくショックを受けているという。

露軍劣勢長期化
プーチン氏 深まる苦境
国内 厭戦ムード拡大
「東部全域制圧」進まず
社説

他国を好き放題攻撃して、自分が攻撃されるとショックを受ける、なんという不公平か。だから私は最初からロシア、プーチンに向けて反撃すべき、それが国連、国連軍、さもなければ米国バイデン、ＥＵ，ＮＡＴＯを中心とする「多国籍軍」が行うべしと言ってきた。プーチンにはもはや反撃する気力も残っていないと考えている。

プーチンのロシア政局もふらついている。転覆すれば戦争も終わることが期待できる。以下、読売新聞。

十二月十四日（水）

韓国へ急遽出張

韓国に急遽出張した。アメリカの元ＮＳＡ（国家安全保障会議）事務局長Richard Marshall博士ら経済安保視察団が韓国政府と接触しているが、その際日本の考えも聞きたいという事情で私が急遽呼び出されたもの。韓国側は元国防大臣でユン政権の長老も務めるクォン（権寧海）氏ら。日米韓三カ国の立場で、経済安全保障、とりわけ半導体産業の振興を目指して緊密な協力を続けること、必要に応じてそれぞれの政府を巻き込むこと、とりわけ台湾との付き合い、ＴＳＭＣ社の扱い、中国系Huawei社の影響排除などについて、突っ込んだ情報交換を行った。その上で、この会合を定期的なものとすることともした。

　翌日の帰国前はソウル市内、二か月前発生したイテウォン地区の群集災害事件の慰霊センターで追悼の花輪を捧げてきた。飾られた遺影の殆ど全てが二十歳前の青年たちで、本当に気の毒な事件であった。一方その横に例の反日慰安婦像が建っていたのが目障りであった。

十二月十七日（土）

平井一三《かずみ》氏、筑紫野市長選へ決起大会

　平井一三氏の市長選への決起大会が行われ、必勝の体勢が整った。私も意を決し平井氏を全面支援することとなった。自民党筑紫野市支部、福岡県維新の会、市役所職員組合、自治労、楠田太宰府市長（祝電）、原竹県会議員（夫人代理）らの支援が明らかになった。

私の応援演説概要

　平井氏は自民党の市議会、県議会議員として長く実績を残してきた。今回市長選を決意したがここに至るまでには実に長い準備と綿密な思考を重ねてきた。市長でなければその政策は実現できず、それを実現させるためにわれわれ応援者は立ち上がらなければならない。

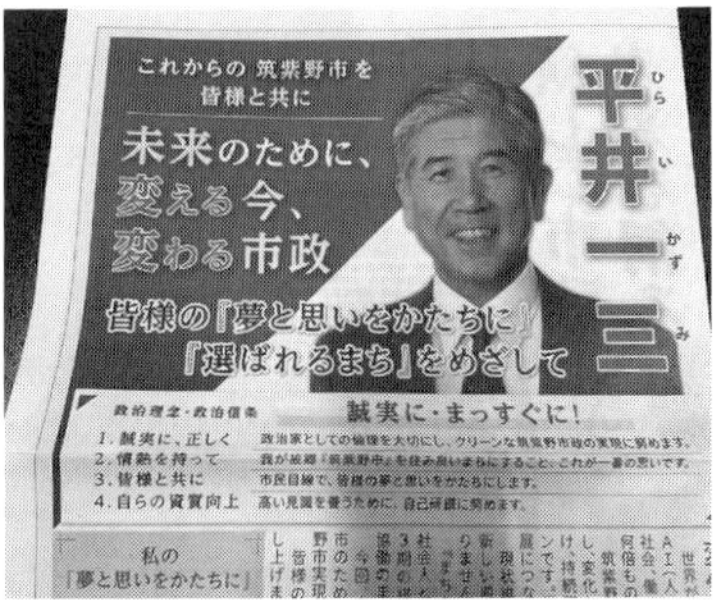

　平井氏はその性、常に冷静沈着で感情を外に出すタイプでない。その平井氏が見せたことのない激しさを見せたのが、昨年の私の選挙であった。自民党内が公認問題で大いに揉めていた。私も深刻に悩んでいた。敢然と立ち上がり、徹頭徹尾、最後の一人になって正論を述べて私の立場を守り抜いてくれた。筑紫野市には未だ課題が山積している。平井氏

なら如何なる難問を必ず実行、実現してくれると思うようになった。筑紫野市は今や福岡県内でも最も豊かで住みやすい、かつ福祉も環境保護も守られていると言われる。これは現藤田市長の力量とその指導力のおかげである。私はこの藤田市政を平井さんがしっかりと受け継ぎ、新たな政策を加えていく、藤田市長の協力と指導を受けて平井さんが思い切った政策を実行していくことが十万市民にとって最も幸せなことであると思っている。国、政府に用があるときは、この私が未だお手伝い出来る。

今年もいろいろと多難な年であった。来年こそは、平井市長実現を皮切りに、コロナ感染症を済ませ、ウクライナ戦争も終わり、インフレもエネルギー不足もない良い年になるよう努力しよう。

十二月十九日（月）

環境保護をさらに高度化

東京にて「日本環境資源再生協会」（一般社団法人）が立ち上がった。その名の通り、環境対策と資源再生という高い目標を追求するもので、私も「会長」に推された以上は全力を尽くさなければなりません。定款上の目的には地球環境の保護、保全に向けて、廃棄物活用、再生、学術技術の振興、普及、調査研究、情報収集提供、政策提案などが掲げてある。具体の事業支援も目指す。基本的には専門的技術者の集団で、代表理事は「野里順久」氏、（株ホバーズ社長、元日立製作所）、「高速真空乾燥システム」で画期的な特許技術を持つ。

私は基本的に「事務屋さん」であって、生涯で特定の技術を勉強したことはありません。ただ「経産省」の「エネルギー庁」（電力、原子力担当）、「特許庁」（総務課長補佐）では周

りに専門家が多くおり技術に親しんだこと、「環境大臣」では環境技術の重要性と国際競争力を特に意識したなどで、デジタル、ＡＩの今、後れつつある日本の技術開発に最も危機感を募らせているひとりです。

私は人々の相談には必ず対応し、大方適格な関係者を紹介することとしています。「元環境大臣」という職歴は、その分野で人々に何かの期待を与えるらしい、私もその名に恥じないように心掛けていますす。どんな経歴でも、人には無駄な経験はひとつも無いということを確認する毎日です。

十二月二十三日（金）

中国少年を激励
懐かしの「ヨッシー本」

親しくしている中国人経営者の息子君（八歳）が、アメリカ・ロサンゼルスに戻るというので、私の英語版「ヨッシー本」にサインをして、送り出しまし

た。曰く「Ricky君、しっかり勉強して世界に役に立つような立派な人間になってください」。

英語版「ヨッシー本」は、私のアメリカ・オクラホマ州留学時代の一年間（一九六二～三年）を、host-Motherが日記風、記録書として執筆されたもので、その後私の妻が翻訳、日本でも出版、『ヨッシーが町にやって来た』。私の政治家への出発点ともいえるものです。

裁判所の法廷に立つ

十二月二十三日（金）

福岡市の福岡地方裁判所に行った。地元の民事裁判に関わっており、法廷に出るのは久しぶりとなる。私も今や全時間を弁護士として活動しているが、大方は事務折衝、準備手続き、事務所ネットでの作業ばかりで法廷に行くことは少ない。

ここ厳粛な法廷で、裁判官を挟み、相手方と真っ向対峙すると改めて身が引き締まる。弁護士の本務は、法廷において、口頭で当方の主張を如何に論理づけるかであって、そのことを決して忘れてはならない。（裁判では原則として口頭による弁論と文書提出でしか一切の証拠にはならない）

大ホール・コンサート 暗い一年を乗り越える

十二月二十三日（金）

東京六本木、サントリーホール・大ホールでのコンサート、「集中医療大賞」主催は、今年で二〇回目にあたり、今年も暮れの一夜（十二月一七日）を華やかに飾りました。私も関係役員（筆頭理事）としてこの医療表彰の裏方を担当しています。

テノール、ソプラノ、メゾソプラノの艶やかな舞台競演は、立派なピアノ演奏と合わせてほぼ満席の会場を沸かせ、一方音楽なぞ縁の無い生活にも潤いという手応えを与えてくれました。

主催者「集中」誌の「尾尻佳津典氏」と私は長く交友関係にあり、今後些かでも医療界発展という成果に結びつけば嬉しい限りであります。

十二月二十三日（金）

ピアノ・コンサート（その二）

二人はひょんなことで深い仲になった。それぞれに本命がいるのに。偶然だが、二人はピアノの専科で、いずれはピアノで身を立てるつもりにあった。瀬名プロへの登竜門、年次演奏会が迫っていた。瀬名（木村拓哉）は悩んでいた、これに勝たなければ将来は無い、落ちたら全てを失う、体調も良くない。一方の南（山口智子）は着々と準備を進めるが、ライバルの瀬名への励ましは止めなかった。

本番で、南の出来は最高であった。続く瀬名の出来は如何に。演奏中、瀬名は観客にいる南の視線を見つけた。拝むような視線に励まされた。

そして瀬名は一等優勝に選ばれた。受賞後の祝勝会、瀬名は南を探したがいない、瀬名は演奏着のまま外に飛び出した。走って、走って、探して、探して、南は見つからない。諦めの直前に、大交差点の真ん中で、遂に二人は抱き合う。

瀬名への優勝副賞として、ロンドンへの演奏留学が与えられる。当然南も一緒に行くようだ……。

これは映画「ロングバケーション」というラブ・ストーリーで、飛行機の中で観ました。ピアノ演奏という、私には如何にも場違いなテーマですが、妙に続いたので、文章に留めました。少し音楽でも聞いて、とする年末、天からのお告げと受け取りました。

十二月二十三日（金）

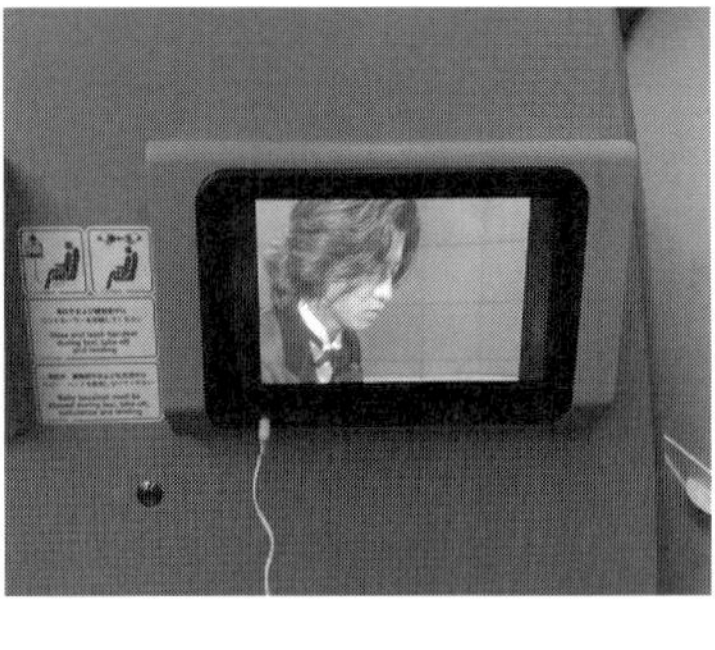

「知仁勇《ちじんゆう》」こそ「達徳」、私の人生目標

「知仁勇、三者は天下の達徳なり」という古語を

私は密かに大事にしています。昔中国に行った時、何処かのお寺で石印を頂きました。中国古典四書のうち「中庸」のことば。

◎「知」＝学問、知識、情報力、判断力
◎「仁」＝思いやり、人間味、涙する人情
◎「勇」＝勇気、決断力、行動力、責任感

この三つが揃えば、人間は最高の「人徳」に達することになる。

これを踏まえて、孔子は「論語」の中で言い換えています。

◎「知者は惑わず、仁者は憂えず、勇者は懼《おそ》ず」

私は今、落魄の中にいますが、三つの気持ちを決して失わないように心掛けています。

十二月三十日（金）

去りゆく年に

皆さま、今年も大変お世話になりました。

私も政治、選挙を引退し、全く新しい生活が始まりました。東京と福岡と毎週行き来しながら、相変わらず多くの人々に支えられています。

事業を運営することはいつも大変ですが、その事業を続けるためには顧客に信頼されることが第一であります。弁護士事務所の仕事もいよいよ多岐に亘り、国際領域もアメリカ、イラン、インド、モンゴル、中国などと拡がり、ロシア、ウクライナ戦争の影響も身近に実感する。来年こそはこの戦争も止まなければならない。

新型コロナもまだ油断ができない。七波が終わった頃、かなり下火になってきたが、少し気を緩めていると、この十二月には感染の数字が再び大きくなってきた。中国武漢で発生して三年が過ぎる。今も中国が一番苦労しているようだが、中国の政治体制にも大きく問題がある。習近平共産党も真剣に民主的な行動を学ばなければ、ゼロコロナと規制撤廃のごたつきで政治の崩壊が来るかも知れない。

この一年は私にとって、選挙を経て辛く厳しい年であったが、それを挽回して復活の年となった。来年はばりばり働き、しっかり稼ぐことも目標に挙げたい。国家国民に奉仕するという政治家の使命《ミッション》も終生、忘れることはない。

令和五年こそ、皆さまとともに最良の年と致しましょう。

十二月三十一日（土）

去りゆく年に（その二）ウクライナを救え

NHKの特番に、ウクライナ「キエフ」の紀行記が。平和で人々は皆んな本当に幸せだった。二〇一九年放送だから三年前のもの、誰も今日のこと（ロシア進攻）は予想していない。

首都の名前も「キーウ」に変わった。決してプーチンは許してはならない。ロシア国民がプーチンを排除するしか和平の道はない。

十二月三十一日（土）

令和五年（一月 ⇨ 三月）

新年のご挨拶
本年もどうぞよろしくお願い致します

明けましておめでとうございます。穏やかな新年となりました。

昨年中は皆さまに大変お世話になりました。選挙生活を終えた私にとっては思いの深い一年でしたが、やりたいことはやり、また多くのことを今年にし残しました。健康にも恵まれ、何でも速戦即決、精神力だけは未だ引けを取らないつもりの自分を思う時、神仏、父母、先祖に対する感謝の念で一杯であります。

元旦早朝（五時）に「実践倫理の会」に出席しました。「個人は如何なる自由と権利を与えられている。が思うだけでは不十分で、それを己がまま実践しなければならない。同時に私たち一人ひとりは国全体を覆う巨大な網《ネット》を共有し、その無数の結び目を形造る。全ての人々は、全く知らない、遠くの人々とも、実は互い密接に繋がっている、家庭と社会を倫理の高みに持ち上げる努力をしなければならない」との訓話を受けました。地元の市長からは力強い年頭所感が語られました。

私は、訓話や故事を読み聞きするのが大好きで、それを今後の人生に少しでも生かしていければと思っています。

令和五年一月一日

新年互礼会「頑張ろう！」

一月四日、原田事務所恒例の「新年互礼会」（初顔合わせ）を行なった。昨年は国の内外、暗いニュースが多かった。私は久しぶり、皆さんの前で演説、今年こそ良い年とすべく抱負を語りました。弁護士業務もさら

に本格化させます。
元県会議員、自民党の「平井一三」さんの筑紫野市長選挙も近づいてきた。現職相手の厳しい選挙となるが、衆議一決、必勝の構えで頑張ろうとなった。
なお、会員の一人、「坪内正吾」さんはプロのバイオリン奏者であるが、年初に相応しい明るく元気の出る曲、「上を向いて歩こう」を含めて、何曲も弾いてもらった。今年一年の輝かしい門出となった。

一月五日（木）

一月六日の富士

東京－福岡間。今年初めての富士。何と神々しい、今年の日本は必ず飛躍する、というご託宣を頂いた。

一月六日（金）

日本柔道とプーチン
「プーチンを除名せよ」

柔道の殿堂「講道館」の正面に柔道の父「嘉納治五郎師範」の銅像が立つ。嘉納治五郎は、相手を制する武術であった「柔術」を人間形成を目指す「柔道」に昇華させた。「心身《しんしん》」という日本語を、同じ発音ならと、敢えて「身心《しんしん》」と綴ったという、身体が先、身体さえ鍛えれば、心の成育、精神の昂揚は後から付いてくるという信念からという。『精力善用、自他共栄』のことばを全ての柔道家に遺していった。
その講道館には世界中の柔道家が集い、ともに身体を鍛え、嘉納治五郎の思想を学んでいく。ロシアのプーチン大統領も講道館の畳の上で稽古の汗を流していた。（一月五日「西日本新聞」コラム）
昨年（令和四年）二月二十四日、プーチン・ロシアはいきなり、大義も理由も無いままのウクライナに侵攻した。国土を焼き尽くし、多くの多くの人々を殺し始めた。

程なく私は同志と語らい、意を決して、プーチンを非難すべしと行動を始めた。プーチンをこのまま許してはならない、プーチンは柔道家の恥だ、嘉納治五郎先生の教えを踏み躙る。この戦争を直ちに止めさせなければならない。

私は国会議員柔道議員連盟（片山虎之助会長、幹事長佐藤信秋参議院議員）、全日本柔道連盟（山下泰裕会長）さらに講道館（上村春樹館長）の三団体に、プーチンを日本柔道界から叩き出そうと呼び掛けた。

結果、三月三十日国会議員連盟はプーチン除名の決議を発表した。全日本柔道連盟は追って山下会長がその旨の談話を発表した。講道館は意志統一に至らなかった。

一月七日（土）

将棋王将戦で、羽生、藤井に敗れる

将棋の王将戦で羽生九段が藤井王将に敗れた。私には密かに大ニュースだった。

将棋の好きな人、特に年配者にとって、羽生といえば圧倒的な王者であった。凡ゆるタイトルを独占し、連戦連勝、彼が負けた時は事件のように報じられた。

そして今「藤井聡太」という天才が登場した。連戦連勝、タイトルも大方独占し、破竹の勢いは止まらない。ようやく二十歳、今年成人式を迎えたという、「藤井聡太」とは、将棋を知らなくたって今や社会現象にある。その藤井が羽生と対戦する。この羽生対藤井の一戦とは、例えば双葉山か大鵬か、ペレかマラドーナかといえば、少しはイメージが伝わるだろうか。

そして第一戦、若き藤井が勝った。うなだれる羽生。時代の流れと勝負の厳しさを改めて思う。願わくば、残る試合で羽生九段が奮起する、若き藤井に、世の中甘くないぞ、と愛の鉄槌を加えて欲しいと祈っている。

このニュース、普通の人には何の関心もないでしょう。でもその道の専門家、私のような好事家には深い意味を持っています。私は将棋と囲碁の有段者で、そのプレイの最中こそが至福の時間にありまます。将棋と囲碁を趣味に持てたことにいつも幸せを感じているのです。

人は全て自分固有の関心と趣味を持ち、それで世の中は意外に豊かでバランスがとれているのだと思います。

一月十一日（水）

少子化対策と「結婚相談所」の役割

少子化について。昨年の新生児誕生は七十七万人余とされており、コロナ禍とはいえ深刻な数字である。（過去最低は八十一万人だった。）

政府与党も多くの施策、経済支援を実施しているが未だ十分な成果は上がっていない。

子供を増やすには、まず健全な結婚組数を増やすことが不可欠である。昔は身の回りに結婚を世話するお年寄り（「世話好き婆さん」）が沢山いたが、今はいない。今はそれに代わるものとして「結婚相談所」の役割は大きい。最近の結婚の二〇％が「結婚相談所」経由で、離婚率も低いという。ただそのことが社会には余り知られていない、結婚したカップル、親御さん、その子供たちには「結婚相談所」に世話されたということに誇りが持ててない、後ろめたさもあるのではないか。まず「結婚相談所」こそが明るく誇ることが出来て、そこで巣立ったカップルが喜びと感謝を宣伝することになったら素晴らしい。そのためには社会全体、出来得れば国、政府挙げて結婚相談事業を盛り立てていくことが必要。相談したことが幸せに繋がったというイメージが広がることで、相談事業が成り立ち、結果、少子化という国難に最も実効的に役立つと期待できる。

出来るだけ早婚を促し、出産補助金などを強化して若手夫婦には二子、三子以上を期待する、これらの子どもへの養育費、教育費に対する経済的支援は国挙げて取り組まなければならない。岸田首相も異次元の対策を実現すると宣言している。

年初に東京で地元ケーブルＴＶ番組に呼ばれまし

た。主催者は「結婚相談所連合会」。少子化対策に真剣に取り組んでいます。私も結婚相談事業の発展とその役割に大きな期待を述べておきました。皆様のご意見をお待ちしています。

一月十三日（金）

国際事務所の風景とは

全員日本人の顔ですが、実はモンゴル人、韓国人、スリランカ案件と出身国が別々で、偶然テーマが一致した（医療福祉）ので、一同に会して会議しました。

私の事務所もその名（「原田国際法律事務所」）に相応しく、すっかり国際的案件が増えてきました。今や東京でも国際弁護士事務所としては有名になりつつあります。

一月十三日（金）

平井一三、出陣式。これなら勝てる!!

一月十五日、筑紫野市長選始まる。平井一三候補（無所属、自民党推薦）の出陣式は実に活気溢れるもので、これなら勝てる、という強い手応えを皆が感じるものでした。応援弁士、出席者も山崎拓元自民党副総裁、あべひろき日本維新会衆議院議員、楠田幹人元筑紫野市長、福田自治労福岡県委員長ほか錚々たる顔ぶれで、列する私も演説では久しぶり力が入りました。

夕刻には街宣車にも乗り、広い街中を「新しい市長には平井一三さんを」と叫び続けました。自らが原田義昭であり、平井氏応援の責任の所在をはっきりさせました。もはや（他人のではなく）自分自身の戦いである、との錯覚に陥る瞬間もありました。

（投票日は一月二十二日、毎日が期日前投票です）

一月十六日（月）

阪神淡路大震災二十八年と私

阪神淡路（神戸）大震災が起こって二十八年になるという。この年は自分にとっても記憶から外せない年となった。

平成七年（一九九六年）一月、発災した。一週間くらい後だったか、ふと思い立った。暇もある、後学のためもと思って新幹線に飛び乗った。神戸市役所の一階フロワーは被災者で溢れていた、永田市場の雑踏にも並んでみた。神戸新聞本社だか神戸駅前の大きなビルが倒れかけていた。震災の現実は報道以上であった。

私は前年の衆議院選挙に落ち、また次の選挙は小選挙区制度となることが決まっていた。大都市の崩壊と見渡す限り瓦礫の中を彷徨《さまよ》いながら、やっぱり福岡に移ろうと心は決めつつあった。決断すれば早い、神奈川県（川崎市）に戻り、遂に生まれ地の福岡に転出することを発表した。政治家の移転は実は単純でない、近しい人々には大きな迷惑を掛け、親身なお世話を頂いた。娘の中学校入学が迫っていたこともあって、四月初めに福岡県（太宰府市）にそっくり移転した。本格的に福岡から身を立てることとなった。
震災は実に巨大なものであった。多くの人が亡くなった。そして今や往年の神戸は甦った。しかし私にとって、神戸震災は人生のエポックとともにある。

一月十七日（火）

国際事務所とは（その二）

年が改まると、また仕事、業務が増えて来ます。ありがたいことです。

バングラデシュから、国営電力会社会長らが相談に来られた。何処もロシア・ウクライナ戦争の影響が大きく、電力不足が深刻である。私はソーラー（太陽光）と風力発電を開発すべしとして外務省の経済協力組織ＪＩＣＡを紹介、概ねその方向で進むこ

ととなった。

韓国とはあるプロジェクトを密かに推進しており、その進捗状態につき報告に来られた。日韓外交関係もこのところ急速に好転している。民間活動も積み重ねによって、必ず大きな役割に結びつくと思っています。

一月十九日（木）

人生を振り返る。休養して思ったこと

体調を壊して自宅で休養した。都合三日の休養。今まで一日の休養さえ記憶がない。自らの不甲斐無さを情けなく感ずる。自分は病気などの自覚は全くない、ただ家人や事務所が騒ぐので不満ながら休養した。

家では無頼に新聞、雑誌を濫読するだけ。テレビは日がな点いている。多くの番組が勝手に目に入る。ウクライナの被災、世界の経済、アフリカの貧困、中国のコロナ禍、プーチンの動き、岸田氏の東奔西走、国会議員のドタバタ、食べ物番組、老人向

けコマーシャル……、世界と国内の動きが見え過ぎる。

大相撲の中継も久しぶり観る。名前も知らない力士が多い。モンゴル人の相撲取りを分け隔てなく育てる日本の大相撲は立派だと思ったりする。

寝巻きでごろごろしていると体の節々が痛む。あれこれ仕事のことばかり巡りくる。事務所に行けぬ罪悪感もある。明日から頑張ればいいと慰めたりする。

ふと長い人生を振り返ったりする。これで良かったのか、選挙のこと、議員の時代、落ちた後のこと。同じことを何度も反芻するが結論は出ない、起こった事はしょうがない、あと体調を戻すだけだ……。

一月二十二日（日）

大速報

「平井一三氏、当選。筑紫野市長に」

「平井一三氏」が筑紫野市長選で当選しました。選挙では多くのことを約束しました。必ずや立派な市長になってくれます。全ての皆さま、本当に有難うございました。

（一月二十二日午後十一時十分）

一月二十二日（日）

平井一三氏、筑紫野市長誕生

一夜明け、その事実が実感するものとなりました。陣営は必死で頑張り、不安な日々を過ごし、最

後に圧勝という勝利を得ました。全ての皆様に心から御礼を申し上げたい。

あの衆議院選挙で私たちは辛い惨めな結果を得ました。そして一年余、私と仲間はただ黙々と耐え、ここに筑紫野市長選挙で勝利し

ました。この戦いは我々の戦いでもあった。平井一三氏の名前を借りた我々の戦いでもありました。平井氏は微塵もブレることがなかった。ブレない戦いは強い、我々はそれに従いていけば良かった。我々の結束は数倍に強化された。自信と信頼と協力で今後は平井市長を支えて行こうと思う。　**一月二十三日（月）**

『幻の国（伽耶《かや》）』特別展 九州国立博物館

太宰府市「九州国立博物館」で特別展が始まった。その内覧会に招待されて多くのことを学びました。

「伽耶」は古代の朝鮮半島南部、対馬海峡沿いから内陸に連なる地域で、三〜六世紀にいくつもの小国が興亡、鉄器製造と海上交易で独自の文化を育み、古墳時代の日本とも多く交流した。日本に渡った「渡来人」（移住民）も多く、その後の日本に多く

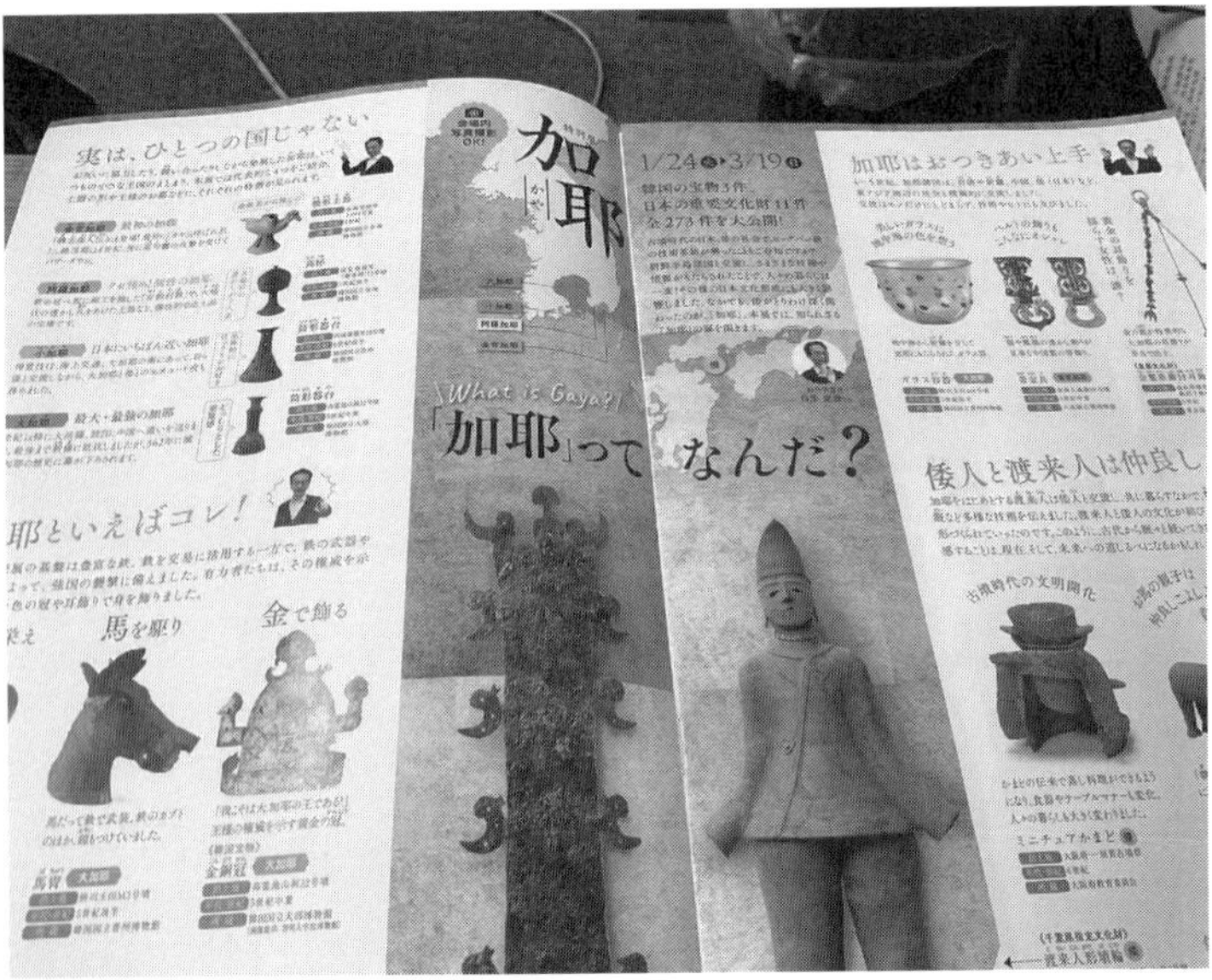

の文化的、歴史的影響を与えた。

一月二十四（火）

古代韓国「伽耶《かや》」は何故目立たなかったか（その二）

私にとって「伽耶」という地名は全く初めてであった。日本と大陸、朝鮮半島との歴史交流については、学校時代でも百済、新羅、高句麗など皆知っている。私は太宰府に住むようになって三十年余、朝鮮半島との関わりは地元史跡を通じてより実証的でもあった。

「伽耶」はこれだけの文明を持ちながら、不思議に初めて耳にする地名であった。身の不勉強を恥じつつも、担当の学芸員に率直に尋ねると、小国群の歴史が長く続き、遂に統一的国家は百済、新羅を待つまでなかったというのが理由らしい。

私には韓国人の知己も多い、彼らの印象と意見も聞いてみたい。

一月二十四（火）

「不必要な心配はするな」（ダライラマの言葉）

「自分で出来ることには心配をしない。どっちみち出来ないことにも心配はしない。結局ひとり心配してもプラスになるものはない」（ダライラマ十四世）

（ダライラマ十四世はチベットの宗教指導者。中国から迫害を受けて放浪しているが、世界中の良識と人権主義者から熱い支援を受けている。中国の反人権活動はいずれ終止する、その理想が近い将来実現されることへの祈りの象徴でもある。）

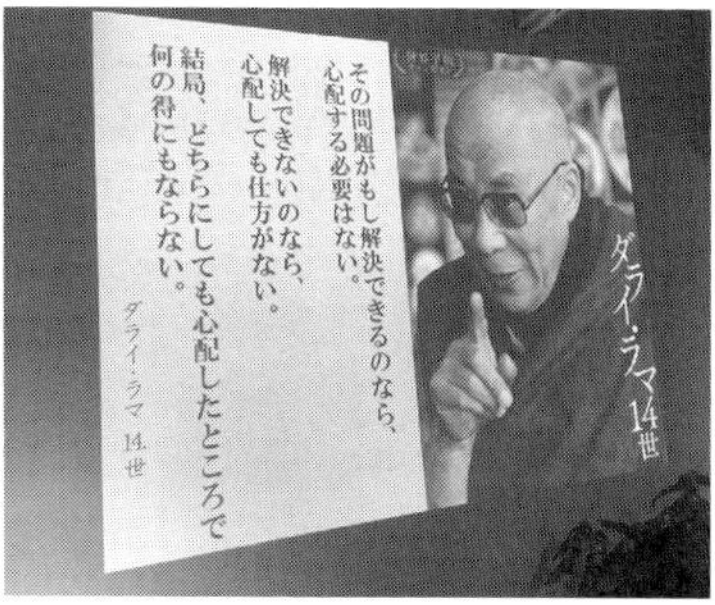

ダライ・ラマ14世
その問題がもし解決できるのなら、心配する必要はない。
解決できないのなら、心配しても仕方がない。
結局、どちらにしても心配したところで何の得にもならない。
ダライ・ラマ 14世

（私は人一倍心配性ですが、この言葉を知ると、改めて精神的に強くならなければならないと自覚しました。地元福岡での倫理関係学習会にて）

一月二十六（木）

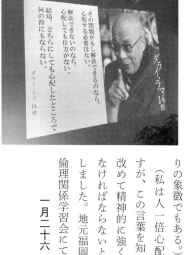

大阪を往復、活力の経済

一月二十七日、福岡から大阪まで新幹線で往復しました。大阪ではいくつか企業を訪ねて、その後の挨拶と弁護士業務のお願いをしてきました。大阪には何十年ぶりかの訪問で、街はなかなか元気一杯の感じ、再来年（二〇二五年）の大阪万博のことが現実的話題になっていました。政治的には自民党と大阪維新党との関係が相変わらず複雑であること、などが印象的でした。

一月二十八日（土）

竹下派のこと、竹下亘《わたる》さんのこと

昔政治も自民党も竹下派で動いていた。昭和の末期から平成の前半。私が衆議院に初当選したのが平成二年二月、丁度その頃と思えばいい。

竹下登首相。竹下氏といえば当時、飛ぶ鳥落とす、泣く子も黙る大政治家で最大派閥を率いていた（今の「茂木派」に連なる）。島根県出身で地元では酒屋の出身、その有名な酒屋（「出雲誉」）が遂に店を閉じたという産経新聞の地方記事。その竹下登氏の実家、如何な名門も後継者が無くなれば潰れるという当たり前の流れであろうか。

竹下登氏の実弟竹下亘氏。NHKの記者だかをしていた。その亘さんと私は偶然に出会った。新潟県だかに偶然二人で講演旅行をしたことがある。間もなく私は議員になり、また竹下さんも登氏の跡を継ぎ、追っかけ一期遅れて議員になってきた。彼は竹下派の御曹司で、早くに大臣になり、いずれか予定されたように竹下派派閥の長になった。亘氏は兄登氏と違い、細身でやや影が薄く、間もなく病気を患った。国会内で久しぶりすれ違ったことがあった。派閥の長と他派閥の

ヒラ議員（原田）が一緒することは普通ない。私が「元気してくださいよ」と声を掛けたら、「あんたと二人でどっか旅行をしたよなー」と懐かしがってくれた。そして程なく亡くなられた。

何でも直ぐ、昔のことが想い出される、歳を取った証拠であろう。政治家の動きは人一倍激しく、その関わりも多分に複雑である。辛い想い出もないわけでないが、みんな懐かしい想い出に変わってくる。

一月三十日（月）

「鬼は外、福は内」

二月三日、節分祭。私は東京大田区の『神明大神宮』で豆撒きをしました。この数十年、ほぼ欠かさず参加しています。私は大きな声で「鬼は外、福は内」、合間には「ウクライナ頑張れ、ロシアは出て行け」と叫びながら、沢山のお菓子類を人々に投げました。

神様のご託宣、翌四日から日本の運勢はさらに良くなるとのことです。

（写真は、神装束の私。身も心も引き締まります）

二月四日（水）

懐かしき母校、六十年以上ぶり。

懐かしき母校、「添田中学校」（福岡県添田町）を訪ねました。随分風景は変わっていましたが、紛れなく私の通った学校です。胸膨らまして一生懸命勉強していました。

校舎から見上げる所、「岩石山《がんじゃくさん》」があり、皆で競って登りました。故郷の山々は決して私たちを見捨てることは致しません。

二月六日（月）

「東京京橋事務所」開所式
麻生太郎先生来たる

二月七日、原田国際法律事務所「京橋事務所」の開所式を行いました。従来の汐留、八重洲事務所を合体、新装したもので、今後東京地区は「飯田橋事務所」との二事務所体制となります。

多くの方々にお祝い出席いただきましたが、特別来賓として「麻生太郎」自民党副総裁（元首相）、「小林元治」日本弁護士連合会会長のご出席を得て座は最高潮に盛り上がりました。プロボクシング・元世界チャンピオン「亀田興毅」さんも華を添えてくださいました。

私どもの内外業務への責任と決意も一層大きなものとなりました。

（写真は麻生太郎先生、小林会長、亀田興毅元世界チャンピオンを中心に会場風景）

二月八日（水）

「廃タイヤ、油化工場」を現場見学

千葉県茂原市にあるインパクト社の自動車廃タイヤの油化工場を訪問見学しました。昨年十一月に私が中心になり「廃タイヤ油化」という革新技術を統合して新聞発表しました。現在はその事業化、全国化に邁進していますが、今日はその先進現場の見学となりました。

先駆者の長谷川氏、五十嵐氏の説明でも、二十年を越す雌伏の時を経て今や本格事業化にあるが、広報宣伝、需要の喚起、流通体系の強化などの課題を指摘された。私は関係者協力しあって行政や自治体の関与、国内はもとより国外への売り込みをも図ることを約束したところです。

二月八日（水）

フィリピン大統領と面会

二月十日、フィリピンのフェルディナンド・マルコス大統領が来日中で、岸田首相や政府の要人と会談された夕刻、私は滞在ホテルにて大統領と面会。特段に呼び出されたもので短時間であったが今後の両国関係について意見を交わした。フィリピンは日本にとって歴史的に安全保障、貿易経済で繋がりが深く、とりわけＯＤＡとか地域開発など企業、民間ベースの活動にはきめ細かい指導力が必要となっている。そこに私への特別のご指名があった模様で、然らば私も一層の努力と工夫を尽くさなければならない。日本とフィリピンは今や中国の猛攻を共通に受けているが、インド太平洋地域の平和、安全、繁栄を守り切るためにはさらに密接な関係を作ることが必要である。民間活動の繁栄を通じて国家間の共存共栄を実現する、それが私の役割である。

二月十四日（火）

中国の偵察気球と尖閣問題

中国は世界中に偵察気球を飛ばしている。アメリカ・バイデンが直ちに撃墜したのは正しい。今まで日本にも中国の気球は幾つも来ていた。今回、アメリカに勇気づけられて日本政府も中国を非難したが、やることが遅すぎる。侵略されたその時にその場で撃墜すべきであった。

気球どころか尖閣諸島は毎日これ見よがしに侵略されている。これ以上の領海侵犯、主権侵害はあるか。私は直ちに撃墜するか少なくとも国連（安保理）に訴えて中国の違法を厳しく咎めるべきであると昔から発言してきた。聴いてくれる人は少ない。

バイデン氏は恐らく来年には再選されるであろう。私は彼を推している。

二月十六日（木）

サウジアラビア大使館にて エネルギー学習会

日々新しいことを勉強、学習することは大きな喜びである。今日、その場所はサウジアラビア大使館、国も大きいが、東京の大使館も、他国に比べて、大きい。

ブランテックインターナショナル社（東京）はLNG活用の特殊な冷凍技術を有している。技術統括の仁杉《ひとすぎ》顧問はその特殊技術を国内外に広めるべく懸命に努力されており、とりわけ中近東の中心たるサウジアラビアに普及したい、ついては日本人の有志も学習会に呼ばれたもの。仁杉氏の深い見識と烈々たる情熱には改めて感心したこと、併せてこの

技術開発、技術普及には私もいささかの努力をしなければならないと感じ入った。（大会議室にて、歴代国王の前で出席者記念写真〔仁杉氏は後列中央〕。及び聖地メッカ大祭の写真）

二月十七日（金）

千葉県鴨川《かもがわ》開発プロジェクト

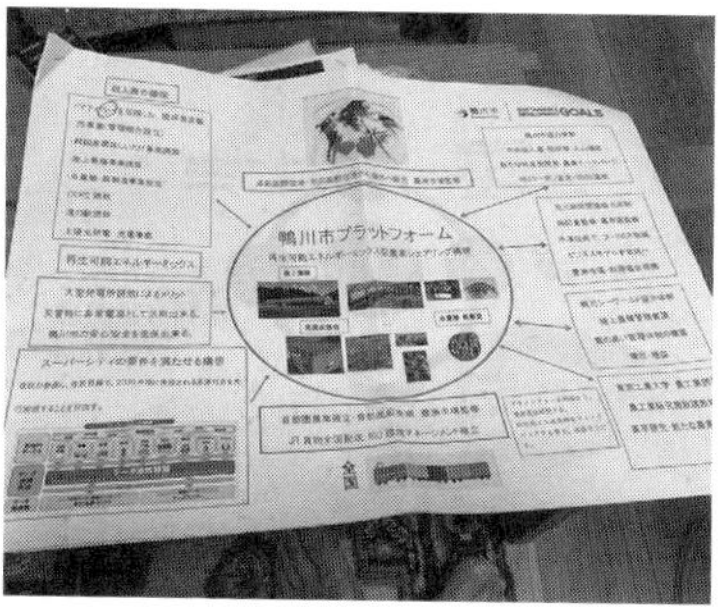

千葉県鴨川市の町づくりを手伝おうとするプロジェクトを進めています。農業、林業、エネルギーに関わる幅広いもので、具体化すれば地元のため、さらには国全体にも波及します。マテバシーという地元木材、ecomizer（エコマイザー）という土壌改良剤、分子ロボットという最先端技術を複合的に導入することで、従来のエコロジーを全く作り変える斬新な取り組みで、人材も集まり、私の政治行政の情報力も期待されています。

昔なら、千葉県、ましてや「鴨川市」という小都市に行くこともなかったでしょう。選挙生活を終え、民間（弁護士）の仕事に変わった途端に人生が大きく変わってきたのを実感します。自分の人生、欲も出さず、与えられた職務をただ黙々とこなしていくことで、ひたすら感謝の気持ちを持てるようになった最近です。

二月二十二日（水）

嗚呼、ウクライナ侵攻、一年　ウクライナよ、立て

二月二十四日、ロシアのウクライナ侵攻には一年が経った。全く終わりが見えない。報道でも、ウクライナ民間人八千人、ロシア人軍民合わせて二十万人が犠牲になり、何れも止まることがない。国連総会が今頃、ロシアの即時軍事停止を決議したところ

で何の役に立つ。ロシアはウクライナの幼児を一万八千人も誘拐して精神改造まで加えているというが、最早ロシア、プーチンの行状はこの世のものとは思われない……。

この戦争は、ロシアが専らウクライナ領内で攻撃する。当然ロシアが勝ち、ウクライナが負ける。ウクライナはロシア、モスクワを物理的に反撃すべきである。ウクライナは当然に国家を守る権利と義務を有する（正当防衛、緊急避難）。

ロシアの侵攻は、何の正当性もない、明らかな国際犯罪、国際テロであって、本来ならこれには国連軍、国際警察など国際警察たるものが処罰すべきものである。それができないなら、国際警察として湾岸戦争（一九九一年）時の「多国籍軍」、古くは第二次世界大戦時の対日独「連合国軍」こそ対処すべきものである。然るに現実には、日本含む欧米、NATO諸国は後方からの軍事支援、経済支援を以て事足りるとしており、ウクライナは善戦するが、その間多くの犠牲が積み上がるだけで、勝つことない。

一年経った今、プーチン・ロシアは必ず勝つとして戦闘続行に自信を示し、ゼレンスキー・ウクライナも必勝するとして国民を督励する。終わりは見えず、ただ両国国民に犠牲が増え続ける。

プーチンの国民支持率は八〇%という。プーチンの軍事行動の不法、非道徳、非人道性は情報遮断によって国民には知らされていない。ここでモスクワがウクライナから反撃のミサイルを受けるとなると、ロシア国民は初めてロシア、プーチンの不法性、非人道性に気付くことになる。支持率は下がり、政権交代、プーチン排除（暗殺も含む）も期待できる。現在のウクライナ侵攻は国家としてのロシアではなく、暴君としてのプーチンの政治、面子《めんつ》のために戦われていると見るべきである。

改めて言う、ウクライナはロシアにミサイルを撃ち込むべきである。プーチンが逆上して遂には核兵器を使うと脅すかも。やれるならやれ、核兵器使用は「核兵器不拡散条約」（ＮＰＴ）、「核兵器禁止条約」（ＴＰＮＷ）などの国際システムが必ず抑えこむ、そこでは被爆国たる日本の役割が極めて大きい。核兵器が怖くて反撃が一切できないとならば、全ての非保有国は、核保有国の奴隷になれというのか。

二月二十五日（土）

太宰府から県会議員に「平川ゆきこ」さん

四月の統一地方選では、太宰府市から県会議員選挙には自民党系新人の女性が出ることになりました。「平川ゆきこ」さんで、商工会所属。先月の平井一三氏、筑紫野市長選挙でふれあい、思想信条と政治姿勢にしっかりしたものを持っており、将来の活躍を十分嘱望できる人材として認めたものです。厳しい選挙状況にはありますが、陣営のまとまり具合では、十分に勝機はあると踏んでいます。改めて、皆様にご協力をお願い致します。

二月二十五日（土）

「東くによし代議士」の励ます会三十年の苦節を超えて

北海道旭川出身「東国幹《あずまくによし》代議士」の励ます会が盛会に行われた。自民党の茂木幹事長はじめ法務大臣、厚労大臣、復興大臣ら錚々たる来賓、有名な鈴木宗男参議院議員まで駆けつけてくれた。北海道の将来は殆ど東君の両肩に掛かっていると持ち上げられ、本人も一層の

使命感、責任感を覚えたものと見えた。

　東くによし君は、三十年以上前、大学を出て直ぐ私の神奈川県の選挙事務所に入って来た。事務や私の運転などを黙々とこなしていた。四、五年経った頃、政治を目指したいと言うので北海道の知り合い代議士に送り出した。爾来旭川市議会議員、北海道議会議員など着実に伸びていたが、その間旭川市長選に二度出馬して、二度とも落選するなど苦労も重ねた。そして先回の衆議院選挙に出て初陣を飾った。私の落選と入れ替わったのは如何にも運命的であったが、私は自分のやり残した仕事を彼に託すこととなった。

　晴れがましいパーティでも人間の運や結びつきの大事さを強く感じました。挨拶の中で、私は「北海道に送り出す時には『誠』という色紙を書いた記憶があるが、東はよくこれを守っている」と付け加えました。（演説は、私と鈴木宗男議員）　**三月二日（木）**

「丸山弁護士」来る、「東京原田塾」

「東京原田塾、三月例会」に有名な「丸山和也弁護士」が来賓出席されて、大いに盛り上がりました。相変わらずの正論と歯に衣着せぬ直言で皆様を圧倒しました。

　テレビの「行列のできる法律相談所」で大人気を博し、自民党参議院議員としては国益増進を大いに図り、現在は弁護士、タレントとして大忙しである。テレビで「二十四時間マラソン」で有名になったり、現在も大洗海岸（千葉県）での二月十一日「寒中水泳」を集団指導、三十年欠かさず続けています。バイタリティが途切れることはありません。

　私と丸山君とは長い付き合いになる。お互い大学を出る頃、もう五十年を優に超える。最初は国家公務員試験の試験場で出会った。昼食の時間に隣り合わせに座った。おむすびを交換したのがきっかけだった。二人とも次に司法試験を目指していることが分かった。もう一人「小島秀樹」を入れて三人一緒に受験勉強することとなった。三人、本当に勉強した。早稲田大学のそば、どっちかの下宿部屋に寝泊まりして、徹底的に法律議論した。私が最年長、二人が眠いというのをいつも叱った。そして遂に三人は同時に合格した。昭和四十五年九月三十日、もちろん忘れはしない。

私は通産省に入り、二人は弁護士となり、海外留学も済ませて頑張っていた。政治の道を突き進む私は代議士三期くらいの時、丸山君に声をかけて参議院の選挙運動に走り回った。自民党では、「司法制度調査会長」という重職に就き司法法律問題について国全体を仕切っていた。今日まで半世紀以上、二人は常に兄弟分で、丸山は、二歳上の私を当然「兄貴」と呼ぶ。

もう一人の兄弟分、「小島秀樹」は一昨年死んだ。「おい早く行こうぜ」と、お互い今年は必ず墓参りを果たさなければならない。

三月三日（金）

福岡「原田塾」発足

東京に負けじと地元福岡地区でも「原田塾」（トークサロン）が発足しました。私の抱く国家観、政治、経済、社会について皆さんも聴きたいし、私も話したい。私は最も尊敬、リスペクトする渋沢栄一翁の『論語と算盤』をベースに多くのテーマを組み合わせながら日頃の課題を取り上げます。質疑応答も時間を越えて続きました。

「何故原田先生はそんなに元気がいいのか」という質問も出ましたが、親から立派な体格を与えられたこと、あと少なくとも十年は国際弁護士として頑張らなければならず、病気などはする暇がない、と答えて大笑いとなりました。東京でも大きな事務所を開いたばかりで、私もぼんやりしておられません。

来月の県議会選挙に出馬予定の「平川ゆきこ」さんも出席して、きちっとした挨拶をされました。

三月五日（日）

ムッシューヨシダ、祝賀会
博多食文化の功労者

「吉田安政氏」の黄綬褒章祝賀会が行われた。フランス料理を業としながら、博多の食文化を内外に精力的に広めて、「食は文化なり」のスローガンをひたすらに体現した。同業者ら地域社会を総動員して施設の子どもたちを励ます先頭に立った、根っからの篤志家でもある。〃ムッシュー〃（フランス語でミスター）と愛称され、会うと誰でも笑顔が出てくる。

出身地は新潟県、五十年以上も前、誰知らぬ福岡に流れて来た。その実兄が国会議員をしていて、「弟を頼む」と東京で言われたことから私との交流は始まった。真面目で、エネルギッシュな男で、華やかな今日の祝賀会には、私も深い思い出と感慨があった。「お母さん、如何ですか」、一度お会いしたお母さんのことを聞いたが、「お陰様で、二、三年前亡くなりました」と返ってきた。

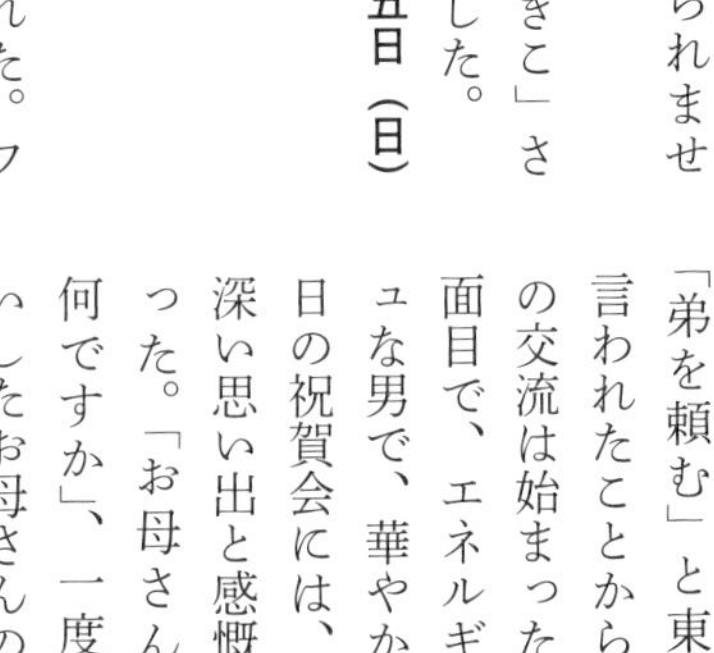

（写真は服部福岡県知事と本人との舞台姿。main dish は福岡県の誇る「博多和牛」）

三月七日（火）

「徴用工問題」解決へ
尹《ユン》大統領を褒める

いわゆる「徴用工問題」が解決することとなっ

た。日韓間の大きな国際問題であったが、とりわけ尹ソンニョル大統領の勇気ある政治決断は大きかった。前任の文在寅《ムン・ジェイン》大統領は反日を政治の基本に置いていたが、尹大統領は親日と親米に置く、大統領が変わるとかくも国が劇的に変わる。中ロ北という共産勢力と激しく対立する民主勢力（日米欧台など）にとって、どれほど大きなプラスの国際要因になるものか。今韓国国民の対日好感度は若い世代中心に非常に高くなっていると言う。

一方、慰安婦問題がどう動くか。尹大統領にもう一つの決断を促したい。

三月八日（水）

福島原発災害十二年 原発処理水との戦い

三月十一日が近づく、東日本大震災から十二年、東北、福島県も大きく復興は進んできた。東電福島原発の処理水問題、いよいよ今年の六月には放流が開始する。

令和元年九月、環境大臣の終盤、私は満を持して「海洋放流せよ」と発言した。世間は大騒ぎになったが、理屈は合っていた、事態はほぼその通りに進んできた。環境被害、健康被害は全く発生しないように、ただ風評被害は避けられないので国挙げての努力がさらに必要とされる。

私は、官僚としても政治家としても、常に新しいことに挑戦した。危険を賭してこそ成果は大きい。虎穴に入らずんば虎児を得ず。弁護士になった今も、その精神が衰えることはない。私は天に向かっていつも祈る「我れに試練を与えよ」と。

三月九日（木）

「戦艦大和」と「戦艦武蔵」
（NHKテレビ歴史回顧）

日本の敗色は迫っていた。巨艦主義を掲げる日本は世界最大の戦艦に最後の奇跡を掛けていた。「戦艦武蔵」はフィリピンのレイテ島に急いでいた。そして米連合軍の反撃を受けて遂に撃沈に至った。遠くにあった友鑑「大和」の乗組員たちは、その瞬間に何を見たか。昭和十九年十月二十日。

この日本と子孫たちを守るために、我らが父祖が懸命に戦っていたこと。そして私たちが今ここにあるのは、あの海に沈んだ尊い命たちのお陰である事を決して忘れてはならない。

生まれて二十日目では知る由もなかった。私は、今遅ればせながらひとり、鎮魂の涙を流しています。

三月十日（金）

東北大震災、十二年
双葉町、町長を労う

三月十一日、朝のNHKニュースは福島県双葉町から始まった。「伊澤史朗町長」の大写し。懐かし、雰囲気は変わらない、精悍な顔つき、やっぱり少し疲れたか。双葉町の帰還困難区域は昨年解除された。人々が漸く戻り始めた、未だ五、六百人という。

四年前だか、大臣として双葉町を視察した。街はほぼそのまま、しかし放射能危険でそっくり、完全に人がいなくなっていた。役場は懸命に動いていた。人は戻ってくる、必ず戻ってくる、町長の気迫だけが伝わってきた。

　発災から十二年もの間。及びもつかない苦労と困難、誰にも癒せない不安があったろう。結局俺がやらねば誰がやる、それが政治家の仕事であった。今日テレビでは何もなかったように話すが、伊澤さん、あんたのことは、俺は分かっているからな、思わず呼び掛けた、多分彼には届かないけれど。

　「福島の復興こそが日本の復興である」、亡くなった安倍元総理が口酸っぱく言っておられた。今や「日本」が「福島」に負けないように頑張らねばと思う時もある。

三月十二日（日）

高校柔道部ＯＢ総会
鳴呼、小野のこと

私は高校を三つ出た。福岡県の修猷館高校、東京（品川区）の小山台高校、合間に留学でアメリカのオクラホマ州エジソン高校に一年通った。それぞれに、強い、感謝の思い出を持っています。

　久しぶり、小山台高校柔道部のＯＢ会（菊柔会）総会、コロナ禍のために三年ぶりだかに行われた。四十人ほど集まり、私はほぼ最高齢に当たる。柔道部生活は苦しくも楽しかった、その後の人生にも役立ったと若いＯＢ達も言う。私が大学三年の時、その年の高校生を東大の柔道部に連れて行き、寝泊まりして合同稽古をさせたことがある。皆はこの事をえらく懐かしんでいた。あの頃は自分も、筋肉モリモリ、毬栗頭《いがぐり》でこれからの人生に胸膨らませていた。

　このグループに「小野泰伸」という後輩がいた。大学を出て直ぐ、私の選挙事務所（川崎市）の秘書になった。本当によく頑張ってくれた。平成二年（一九九〇年）、初当選して抱き合って泣いた。そして小野は間もなくして死んだ。持病を持ち、三十歳であった。無理をさせ過ぎたとの自責の念は私から消えることがない。

小山台高校は、この秋、「創立百周年」を迎える。

三月十三日（月）

宇宙衛星ロケットの失敗と日本NHK事件の思い出など

H3の打ち上げが失敗した。実際は二度続けての失敗とかで、日本の宇宙技術への信頼低下を私は深刻に心配している。打ち上げはただロケットに点火するだけではないか、宇宙での衛星管理、地球への帰還などは遥かに難しいような気もするが。金も何百億円も掛かった。しっかりしろ日本。

実は私には生々しい関連体験がある。平成二、三年頃、NHKの衛星ロケットがアメリカの基地で失敗したことがある。私は議員になったばかり（一期目）だったが、衆議院の委員会（旧逓信委員会）で質問に立ち、NHK会長に向けてこう聞いた。「会長、あなたはロケット打ち上げ失敗の瞬間、打ち上げ基地にはいなかったと言われているが、実際は何処にいたのか。」すると会長は、「基地にはいなかったが、基地近所のホテルにて待機し、テレビ中継で見守っていた」と答弁した。

委員会はそのまま終わったが、二、三日して騒ぎが起こった。NHK会長の答弁は全くウソであって、テレビ中継どころかどっかのホテルに女性と一緒にしけ込んでいたらしい。国会が、マスコミが大騒ぎになった。新聞の社会面は大賑わい、週刊誌では私も渦中の人物と取り上げられた。折下自民党総裁選がらみで、渡辺美智雄足下の原田義昭が竹下派に近いNHKを刺したのではないか類いの政治憶測まで出た。三週間くらいで会長は辞任、騒ぎは一応落着した。

NHKの組織はこの会長の元で、実は非常に強権体質にあった。この会長交代でNHKはすっかり民主的体質、開かれた組織に生まれ変わったと言われた。私をNHKの「救世主」呼ばわりする人もいた。新会長たる人物と、だいぶ経った頃、「二人は戦友だよな」と握手したこともある。
宇宙産業こそ、これから最も致命的な競争分野である。中国などに決して負けてはならない。とにかく国挙げて頑張らなければならない。

三月十五日（水）

バンザイ！祝宴で上げる「万歳《ばんざい》三唱」の由来『チコちゃん』に教えられる

私たち日本人、お祝いや喜びの時は必ず「バンザイ」をします。苦労や困難を乗り越えた時、バンザイを皆んなで叫ぶと最高の幸せを感じ、明日からの元気がまた湧いて来ます。私は、バンザイは日本人の大きな伝統、誇り、資産だとさえ思っています。外国にはあるのでしょうか。

　明治憲法（「大日本帝国憲法」）は明治二十二年（一八八九年）二月十一日に公布された。明治政府はその式典の終了に当たって何ら天皇（明治天皇）に向かって祝辞発声の文言はないかと帝国大学（東京大学）に諮問《しもん》したという。大学は衆知を集め多くの実証の結果、響き、強さ、意味、品位などから「万歳、バンザイ」を選択した。国と皇室が末永く栄えるという祈りが第一に込められていた。

以上のことは、NHKの『チコちゃんに叱られる』で知りました。チコちゃんと相棒の「岡村隆史」との掛け合いが最高で、私はこの番組が大好きです。知らなかったことを楽しく教えてくれるので、大いに勉強にもなっています。

今年も日本中があちこちでバンザイの雄叫びに囲まれるようになって欲しいですね。とりあえず私は、WBC（世界野球）では何回か叫びましたが……。

三月十八日（土）

お彼岸にあたり、墓参と寺社巡り

お彼岸で、十年ぶりか、墓参しました。この十年、無我夢中の私でしたが、大事も起こらず万端上手く整い、家族も幸せに生活できました。全てご先祖様のお陰ということに改めて気付きました。

同じ川崎市に「身代わり不動尊」と「神明神社」があり、心を込めて祈ってきました。「身代わり不動尊」は近在でも有名な仏閣、「神明神社」は誰ひとり訪ねる人もない小さな社です。

昔私はいずれのごく近所に住んでいました。悩みの深い時期で、官僚として勤めながら、政治への進出を悩んでいました。希望と不安で毎日を過ごしていました。ある時は「身代わり不動尊」で手を合わせ、ある時は「神明神社」でひとり佇み、明日を案じた時間を過ごしました。三回の選挙、一勝二敗でしたが、当然出陣の日は、神仏に祈って出発したものです。福岡県への移転の時も感謝の礼拝で終えました。

「故郷は遠くにありて想うもの」と言われますが、川崎市もまた大事な故郷です。私にはいつも故郷の神仏がついておられることを感じて感謝の気持ちでいっぱいです。

三月二十日（月）

舞台「ハムレット」
「To be or not to be…
（生きるべきか死ぬべきか）」

お誘いを受けて、舞台劇「ハムレット」を観てきました。シェークスピアの四大悲劇の一つ、最高の傑作と言われます。東京「三軒茶屋劇場」にて、私にはかくも本格的舞台劇は初めての体験でした。

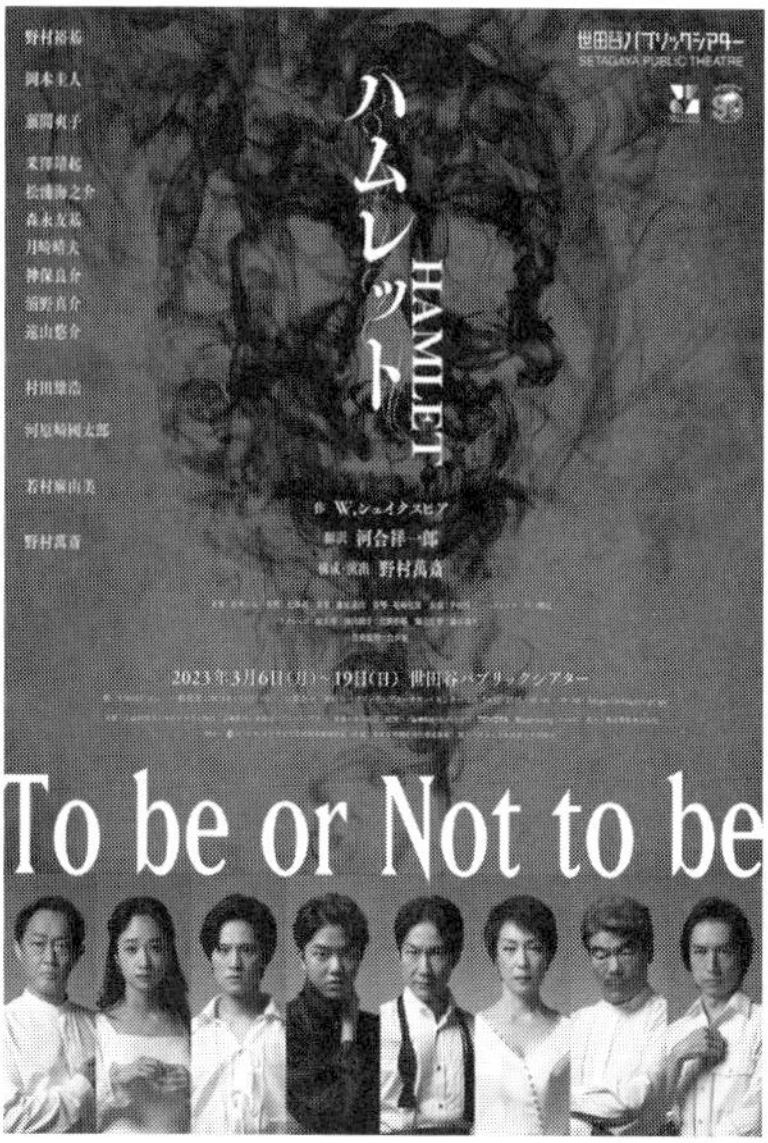

国王、王妃、その息子ハムレット、割って入る国王弟らの愛憎と権力闘争、最後は斬り合い、殺し合いと休むことない激しい動きです。三時間余、全ての瞬間（場面）が壮大な美術パノラマ、また演技者、特にハムレットの動きの激しさは、観る者を疲れさせるほどです。筋書きも複雑で、ことばも歌舞伎調なため、ストーリーが完璧に理解できたら如何に感動は大きかったたろう。野村萬斎国王（演出）、長男野村裕基ハムレット、若村麻由美王妃ら・・・

私は若村麻由美さんの実父氏と親しく、このところ急速に演劇界にも近づいています。

三月二十一日（火）

WBC世界一など

春分の日（三月二十一日）を挟んで、とにかく公私忙しい。大いに感謝しなければならない。

WBC世界野球では遂に日本が優勝した。沢山のヒーローが出た。大谷翔平、村上宗隆、栗山英樹監

督などいくら褒めても褒め足りない。日本は何と幸せな国かと天に感謝する。

岸田首相が秘密裏にウクライナを訪問、ゼレンスキー大統領と対面して激励、G7議長として立派な役割を果たした。

折下中国の習近平がロシアのプーチンと合同会見。一方は「平和と民主主義」、一方は「戦争と悪の独裁」と対比されて日本の評価は鰻《うなぎ》登り、私は「岸田、よくやった」と心底褒めている。

韓国のユン大統領訪日で日韓関係は大いに良くなった。大統領訪日には自民党麻生太郎副総裁の根回し（昨年十一月）が大きかったとも言われる。

偶然だろうが、このところ私には韓国案件が超忙しい。先週は大阪に出掛けてあるグループと折衝、進行中の案件にも目処が立ってきた。東京でも何組とも懇談が続く。日米韓の結束以外に対中、対ロ、対北への決定的対策はあり得ない。

地元福岡に戻って、県会議員選挙、太宰府の「平川ゆきこ」さんの応援。厳しいが、なんとか当選しそうと期待している。

三月二十四日（金）

WBC世界一（その二）

栗山監督の指導力への評価が高い。栗山監督の座右の銘「夢は正夢」、夢を持って諦めずに頑張れば、必ずそれは実現する。

決勝戦も劇的に終わった。余りの筋書きに「あたかも漫画か小説のようだ」との評論も。そこで毎日新聞コラム誌。「事実は小説より奇なり」（英詩人バイロン）、「小説は実現可能でなければならないが、事実はそうでない」（米作家マークトウェイン）。

三月二十四日（金）

「子宮頸《けい》がんワクチン」を勧めよう

「子宮頸がん」という恐ろしい病気がある。若い女性に罹る病気で年間一万人が罹患し、うち三千人が死亡するという。有効な予防ワクチンは開発されているが、過去に副反応があって訴訟まで起こったため医療界でもその運用については未だ大きな論争にある。肝心の厚生労働省でも現在では「積極的勧奨はしない、個別の医師、家族の判断に任せる」という曖昧なままとなっている。コロナワクチンの浸透で、ワクチン一般への危機感は随分解消された。

今日、私は産婦人科系統の医療グループの集まりに出席した。私は厚生省政務次官以来、二十年余、その積極普及の立場を訴えてきた。国会議員連盟の設立にも尽力しました。前日本医師会会長横倉義武先生も率先者です。若い女性の命を救うこと、結果少子化対策の切り札にもなると言われています。

三月二十六日（日）

中ロ首脳会談と処理水放出問題

ロシアのウクライナ侵攻が止まらず、世界中はひたすら平和回復の祈りを強めている。

中国の習近平はロシアへ出向きプーチンを援助激励した。二人で何を話したか興味も無いが、福島原発の処理水海洋放出について日本非難の共同声明を出した。「世界中に放射能汚染を晒すもので、日本は直ちに放出を止めよ」と。

福島原発の処理水放出は六月から始まる、すべての環境基準は十分に満たし、どの原発国よりも放射能は低く管理されており、遂には「国際原子力機構」（IAEA）の太鼓判も頂いている。ロシアはいよいよ核戦術を振りかざしているが、処理水放出問題について日本がプーチンと習近平から文句言われる筋合いは無い。それならプーチンに返そう、海洋放出は直ちに止めさせるが、その分、直ちにウクライナ攻撃は止めよと。

（発言した処理水放出問題が、四年経つと中ロ首脳会談にまで取り上げられるとは、さすがに驚きました）

三月二十六日（日）

台湾にて「安倍晋三元首相記念写真展」

安倍晋三元首相の記念写真展が台湾台北で行われた。私も日本側の代表団として出席、感ずることの

多い旅であった。

　安倍元首相は昨年七月、暴漢の銃弾に倒れ世界を震撼させたが、その事蹟の大きさと人徳からくる追慕の念は国の内外に拡がった。ここ台湾では記念写真展の形で行われ、深い追慕の思いと強い感動を呼び起こすものとなった。式典には蔡英文総統も参席され、安倍氏への思いを国民と共有された。

　写真展はさすがに多岐多方面に及び、安倍氏の人間性が改めて追求されており、政治活動において議会映像は当然としても、多くの議員同僚たちに囲まれるを常としていた。私自身の実体験と重なる瞬間も少なく無く、総理大臣指名決議の本会議場映像に自分自身を見つけた時など、素直に喜んだものだ。

　台湾には四、五年ぶりの再訪であるが、今回は中国の「台湾有事」を抜きにして思索は続かない。この豊かで平和で明るい台湾が何故をもって、武力攻撃を受けなければならないのか。プーチンがウクライナで過ちを冒したように、習近平も結局同じ過ちを冒すのだろうか……。

　そればかりを考えた三日間であった。

三月二十八日（火）

中国大使と日本
岸田氏が離別挨拶を断ったこと

　前中国大使の孔鉉佑《こうげんゆう》氏が離任に当たって岸田首相に挨拶を申し入れたところ、岸田氏がはっきり断ったという。外交儀礼上異例なことだが、私は密かに「岸田、よくやった」と快哉を叫び、岸田氏の行動を讃えた。

　三年前だか、大臣職を終えて自民党総務会のメンバーの時、十人くらいが中国大使館に食事に呼ばれたことがある。食事中だったが、私は敢えて孔大使に面と向かって、習近平国家主席の「国賓来日」は反対だ、尖閣列島侵略、ウイグル、チベットなど民族弾圧を直ちに止めよ、本国に伝えよと迫った。宴席は一瞬にして凍りつき、気まずい雰囲気で終えた。爾来私はこの中国大使と互いに遺恨を残したままになった。その場の自民党側まとめ役鈴木俊一総務会長（現財務大臣）は、私を制するのに苦労したと後日振り返っていた。

折下その年（令和元年）は、習近平主席を国賓として日本に呼ぶかどうかが最大の政治テーマであった。私は国会、自民党の内外で絶対反対の先頭に立ち、銀座の街頭反対デモにも参加した。結局国賓問題は、コロナ禍蔓延の理由で両国政府が「当面中止」の発表で収められた。

孔鉉佑氏も苦労したろうが、この中国には日本の怒りを正面からぶつけることも大事な仕事である。岸田氏の蛮勇に国民は拍手している。

三月二十九日（水）

県会議員選挙始まる 平川ゆきこさんの応援に

地方統一選挙（第一弾）、県会議員選挙が始まりました。私は太宰府の「平川ゆきこ」さんをはじめ多くの同志を応援しています。選挙を通じて政治が正しく安定することが大切です。これらの同志たちは必ずや地域を支え、国の発展に資するものと考えます。

四月一日（土）

春日市議「なす純子」候補の決起大会

春日市議候補「なす純子」さんの決起大会に出席しました。お母さん共々私の選挙でも大変な応援を頂きました。選挙に出るのは初めてですが、那須さんの人生を振り返ると、子育て、社会貢献、高齢者の世話、ＰＴＡの世話など全てこの時のためにあるような人生です。市議会にも女性がどんどん進出することが世の中を明るくする方法です。頑張れ！

四月二日（日）

発展するインド経済

インドにOdisha（オディーシャ）という州がある、東海岸に位置する大きな州で、大きさといい経済的活力といい、インド国内のトップクラス。この州主催で日本の経済界と定期的に交流が行われており、州知事先頭に立って日本の投資、貿易を呼び込んでいる。なかなかの活力、積極性で昔の日本にも元気な県や地方都市があった。この州は鉱物資源に恵まれ、農業、水産業、流通業など経済分野万般に及ぶ。

インドは今や世界の躍進国である。Global South（「躍進する中進国」）の先頭を走る。二〇三〇年には国民総生産で日本を抜く、人口も中国を抜いて世界一となった。民主主義（デモクラシー）を奉ずる貴重な国で、日本、アメリカ、欧州と気脈が通ずる、とりわけ中国、ロシアなど全体主義国家を包囲抑制する日米印豪の「インド太平洋グループ」の中核をなす。日印の関係は今後ますます大きく、強固にしなければならない。

私はすでに多くのインド関係者と関わっているが、とりわけインド大使館、インド中央銀行とも業務面で繋がっています。

四月六日（木）

「平川ゆきこ」候補、選挙活動、選挙万全に

福岡県会議員選挙、選挙活動は終わった。陣営総力で頑張った。私は街宣活動を分担し、太宰府全域を何周もカバーした。自分の選挙以上に丁寧に回ったが、太宰府市がこれほど広いのかと驚いた。

平川さんの立候補には私が責任持つということを繰り返し広言した。平川候補はなかなかの潜在力があり、県議会当選の暁きには県民の期待には十分応えられるであろうと自信を深めている。

明日の選挙発表、容易では無いが強い期待を寄せている。祈必勝。

四月八日（土）

北ミサイルと「Jアラート」陸上自衛隊ヘリコプター事故

四月十三日朝、北朝鮮の弾道ミサイルが日本、北海道方面に撃ち込まれ、一時国全体「Jアラート」発令という大騒ぎとなった。万が一、ミサイルが領土、領海内に落ちでもしたら、それは直ちに戦争を意味し、わが国は遂に北朝鮮に向けて反撃の武力行使をせざるを得なかった。

本物の「Jアラート」発令（二十分後訂正）について、大げさ過ぎたとの非難が国会筋で相次いだ。もちろん事態の把握、情報の収集はより精確でなければならないが、政府、防衛省の今回措置は正しかった。国民にも、私たちにも、今の世界情勢の厳しさを知らせることになった。

（想起せよ「国内の災害で、市町村長が警報を出すのを躊躇って、住民の避難が遅れる傾向がある。空振りを恐れるな、正確さより迅速さというのが、災害対策の鉄則である」）

沖縄県宮古島で起こった陸上自衛隊ヘリコプター事故、一週間以上経つが、原因も分からず、機体もはっきり見つからない。自衛隊の幹部十人も搭乗していた。レーダーは直前まで動いていたらしく、この事故痛ましくもあり、不気味でもある。中国の絡むミサイル攻撃やレーザー攻撃かという憶測もあるが、さすがに否定されている。

自衛隊機の事故となれば単なる人身事故というわけでない、国防のレベルや技術や戦術まで外国に詠まれてしまう。改めて自衛隊にはしっかりして欲しい。

四月十四（金）

台湾の経済人来訪

台湾の経済人が来訪し親交を深めた。先般私の台湾出張への答礼でもある。私は年来、次世代原子力「トリウム溶融塩炉」事業の推進に関わっているが、台湾も強い関心を示しており、協力することとなった。

話題は多岐に亘り、中国の台湾政策、武力侵攻は絶対やめさせるべきであるでは一致。ウクライナ戦争の帰趨、プーチンの行く末なども意見交換。台湾政治史における蔣介石、李登輝の役割、なぜ李登輝「国民党」は中国にべったりなのかなど多くの疑問も解明した。

台湾は日本にとって大事な国であり、これからも公私丁寧に付き合っていかなければならない。

四月十五日（土）

石神井《しゃくじい》公園に遊ぶ

娘の家族が住む東京練馬区に「石神井公園」というのがある。名前は聞いていましたが、現実に通って感激しました。大きな湖沼（三宝寺池、石神井池）にはスワンボートも浮かぶ。両岸には雑木林が広がり、高い木立の間を人々が行き交う。小鳥の声も響く。釣り人もいる。

この東京のど真ん中にこんな空間が。改めて東京

の豊かさを感じました。

四月十七日（月）

ドイツ、原発廃止 日本、自信持って、続けよ

ドイツが原発運用を完全に廃止したと宣言した。十年近く前、メルケル政権が決め、一度期限延長したが今回遂に最終決定。さすがドイツだと一方で感心するが、他方日本はそれを真似る必要はない、何故なら日本には原子力エネルギーがエネルギー政策上必要であり、また国際関係上、原子力技術を日本が手放すわけにいかない固有の事情があるからである。ドイツは地続きのヨーロッパにあり、となりに原子力大国のフランスがある。電力供給の心配はなく、再エネ拡大で賄えるというのがショルツ首相らの政権の判断であろう。

日本には原子力エネルギーは必要で、その際福島原発事故の経験国として徹底的に原発安全性を確保しなければならない。さらに日本は周囲を中国、ロシア、インド、北朝鮮と（核兵器保有のみならず）原子力活用国に囲まれている。中国などは今後毎年三十基以上の原発を造っていく。他の途上国も将来の成長とエネルギーを両立させるには、結局原子力エネルギーの活用を考えている。その時にこそ、日本が世界最高の原子力技術を維持しておくことが国際政治上いかに大事なことであるか。日本は「脱原発」という大衆迎合（ポピュリズム）にのってはならず、平和と安全という道を自信持って進んで行くべきである。

〔私は、経産省ではエネルギー庁に勤め、議員としても終始エネルギー政策に関与してきました。エネルギーの安定確保、安定供給こそ世界の、また全ての国の、平和と発展に不可欠であるという信念を持っています。原子力エネルギーの扱いこそ将来に向かって最も重要で、かつ最も難しい問題でありま
す〕

四月十八日（火）

東京千代田区「小野なりこ」候補、頑張る

統一地方選後半戦、全国で激しい選挙戦が続く（投票四月二十三日）。福岡の地元も大熱戦、東京にいても心は常に臨戦態勢です。今日は東京千代田区の「小野なりこ」候補の応援に行きました。

小野さんは区会議員一期、地元千代田区の発展に尽くす非常に活発な議員で、長く私の東京勉強会にも参加しています。小池百合子都知事の「都民ファースト」党に属しています。千代田区選挙も大混戦で、「小野なりこ」さんの上位当選を期待します。応援お願い致します。

四月二十日（木）

プロボクシング観戦。演出が凄い

招待を受けてプロボクシングを見に行った。東京代々木体育館。本物の試合観戦は二度目になる。プロとなると、当事者はもちろん、応援者も必死となる、金が掛かっているので当然だろう。世界選手権も掛かっていた。

演出がまた凄い、ラウンドごとに大音響、耳をつんざき、地響きするような大音響。最近のプロスポーツではこの演出が非常に大事で、ボクシング試合でも昔と一番変わったところだと言う。

出し物のメインには歌手の「ＡＳＫＡ」が唄った。ＡＳＫＡは福岡の出身で、昔、多少の関わりを持った。久

しぶり、元気していることで妙にほっとした。

旧知の「亀田興毅」さんが興業主で、中々しっかり頑張っている。長きコロナも終わり漸く事業も本格的になったと顔色も明るい。確かにこのところ外国人の来日も大きく増え、選手も呼びやすくなったという。

日本の経済が活発になることは、嬉しい限りである。

四月二十一日（金）

いよいよ明日、投票

日本の将来を占う地方統一選挙第二弾、同志たちは皆、懸命に頑張りました。明日が投票日で彼らの全ての上に栄光あらんことを祈ります。今日は以下の候補者たちの応援に回りました。
◎渡辺つよし（朝倉市議会候補）
（私の朝倉地区元秘書、元職一期）
◎櫻井英夫（田川郡川崎町議会候補）
（私の筑紫地区元秘書、町議会議長、現五期、ミュージシャン、剣道達人）
◎那須純子（春日市議会候補）
（母娘ともども私の応援者、地域社会運動家、新人）
◎横尾秋洋（筑紫野市議会候補）
（長年の同志。市議会議長、自民党支部長、現六期、剣道達人）
◎渡邉昭一（筑紫野市議会候補）
（私の応援者、新人）

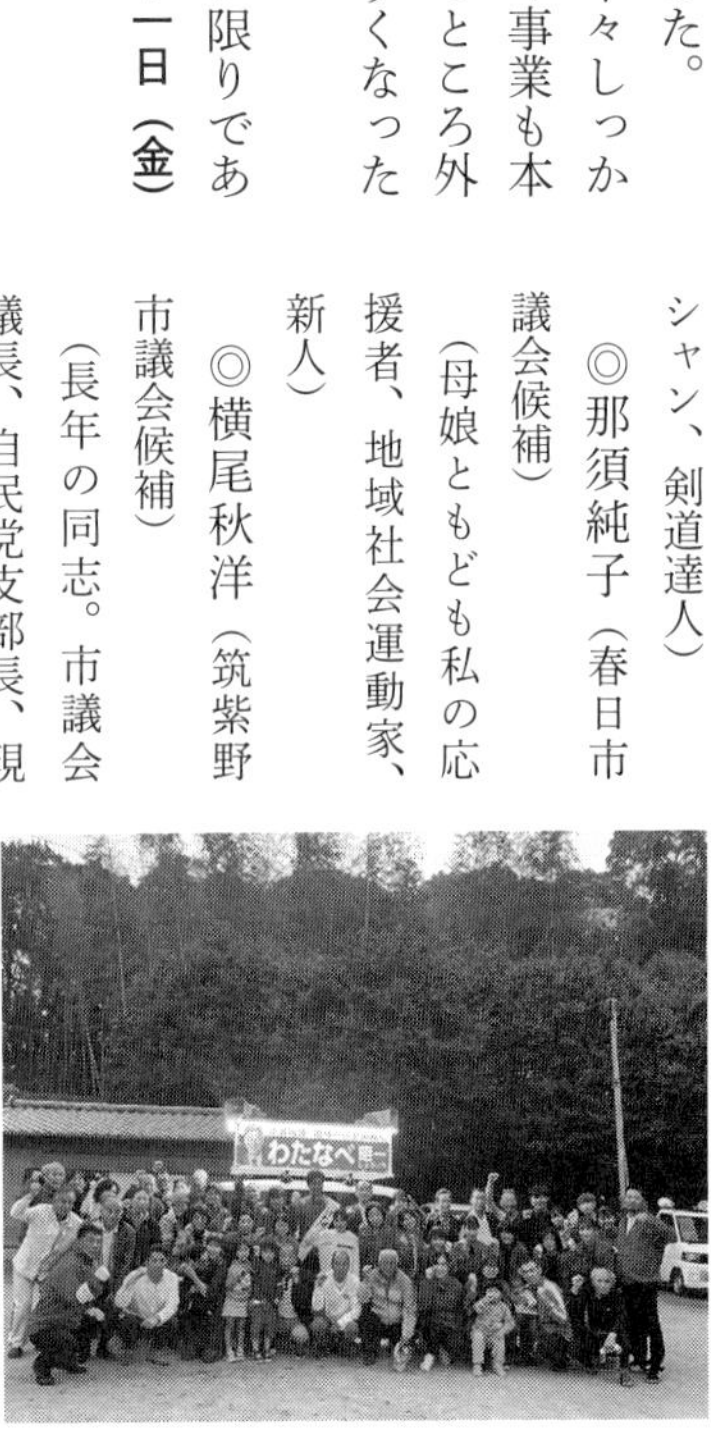

四月二十二日（土）

そして友の位牌に泣く

田川郡添田町に友の仏前を訪ねた。「白石富雄」は三週間前に亡くなった。小中学校同級、添田町では役所から町議会に上がり、議長として実力を奮った。私が太宰府で衆議院選挙の苦労している頃、忘れず声を掛けていつも細かい注意をしてくれた。顔は怖いが優しい男だった。

奥さんが側にいたが、私は声を出して泣いた。白木の箱を揺すりながら、声を出して泣いた。俺は未だ仕事が残っている、また助けてくれよと頼んだが、心配すんなと愛想の無い声が戻ってきた。

四月二十三（日）

原発を維持せよ（その二）
櫻井よしこ氏論文

ドイツが原発を廃止すると宣言した（四月十五日）が、私は、日本こそ妄動せずに原発政策を維持せよと論文に書いた。評論家の「櫻井よしこ」さんが『週刊新潮』（四月二十七日号）にほぼ同趣旨の記事を書いていたので、参考までに紹介する。

主な内容は、ドイツの反原発は政治的、イデオロギー的な歴史があること、将来再生エネルギー、とりわけ風力発電を期待するが、風力発電は他の電源に比べて非常にコストが高い、風力を含む再生エネルギー発電には銅、鉄、リチウム、グラファイト、ニッケル、レアアースなどの鉱物資源を多く必要とし、結局中国への依存を高めることになる。日本の原子力技術ではウランもプルトニウムもほぼ自前で調達できる水準にきている。中国とロシアの原発利用と海外輸出は拡大一方である。英国、フランス、オランダ、スエーデンも今や新規建設に動いている……。

この問題は、日本の将来にとって極めて大事な課題であり、世界的な動きの中で曖昧な結論でなく「安全性は必ず確保する、原発は必要である」というはっきりとした方向を国民レベルでも明確にす

べきである。

四月二十三日（日）

地方統一選挙が終わって

地方統一選挙後半戦が終わった。私は候補者十人ほど深く関わったが、概ね良い結果となった。選挙は所詮本人の努力次第であって、応援者がとって代わるものではない。選挙は勝っても負けても、候補者と周りには大きな影響を残す。私は、自分のように負けてもなお元気に立ち直れると、いつも言い聞かせている。

・A君、私の秘書をしていた。さばける人間ではなく、何でもこつこつやろうとする。苦節七年だか、見事に当選した。

・Bさん、私の選挙でも本当に頑張ってくれた。新人で選挙のやり方も分からず、手伝いを出した。長年の地元の世話が天に届いたか、ぎりぎりで当選を果たした。

・Cさん、少し高齢になって後援組織も弱体化してきた。多少の応援はしたが、持てる地力は未だ大きく、堂々と当選、今後の指導力に期待する。

・櫻井英夫君、町議会議長も務めたが、トップではなかった。今後とも気を緩めず町のため指導力を発揮せよ、と指示した。

四月二十四日（月）

ヘンプ運動と麻薬取締り

近時、「ヘンプ」という植生が欧米から入って来るようになった。日本では麻、大麻と同系統にあるといわれ、古典的な衣料素材として扱われてはいるが、他方で麻薬（マリファナ）の原料にもなるために「大麻取締法」などで当然に厳しい取り締まりの対象となってい

る。

ヘンプは日本でも最近、医薬や衣料、食料や建築素材にも有用という特性が見直され、国会や厚生労働省においてもその規制のあり方が真剣に再検討されるようになった。

私もヘンプ検討の社会運動には参加しているが、当然に、万が一でも麻薬規制を緩めてはならないという立場にいる。

四月二十七日（木）

寺島実郎《じつろう》さん講演会

私が顧問を務める月例の医療勉強会に有名な評論家「寺島実郎」さんをお呼びして講演を頂いた。

いきなりコロナ、ウィルス、感染症から話が始まった。地球が誕生して四十六億年、ウィルス微生物は三十億年、人類（ホモサピエンス）が生まれて二十万年、ウィルスは人類よりはるか早くから存在している。感染症（パンデミック）はペスト（十四世紀末）、コレラ（十九世紀）、スペイン風邪（一九一八年）、香港風邪（一九六八年）、ＨＩＶ（二十世紀）、インフルエンザ、エボラ出血熱、コロナ禍と続く。

スペイン風邪での日本人死者、人口五千万人のうち内地四十五万人、外地二十九万人。現代のコロナでの死者、人口一億二千万人のうち八万人。現代は大騒ぎするが、何故スペイン風邪の時は大騒ぎされなかったか、それは国体と国民の風格と練度の違いによる。

日本のＧＤＰは今世界シェアの四・二％にあり、最高は一七・九％（一九九四年）にあった。

何故かくも没落したのか……。

寺島氏は悉く今日の日本に疑問を投げかけ、国民に奮起を促す、しかもほぼ一貫して明快な統計数字と科学的論拠が示されてい

る。テレビでの説明なども特段の説得力が生ずる。凄い人である。学ばなければならないと改めて感ずる。

実は、寺島さんと私は、偶然生まれ育ちが北海道「沼田町」という人口二千人の小さな旧炭鉱町の出身である。お互いそのことは遠く意識していたのだが、今回改めて確認し合うこととなった。

四月二十八日（金）

原発六十年超 いよいよ法制化、密かな誇り

原子力発電施設の耐用年数、六十年を超えて運用できる法律が間もなく成立する。東日本大震災（二〇一一年）での福島原発事故を踏まえて、原発耐用年数は「原則四十年、例外的に六十年まで延長」と厳しく法定された。一方、アメリカなどの先進国では普段に八十年、九十年まで安全運転されている。

日本でも「六十年に限るべきではない」と言い出したのは、私だった。タブー（禁句）の特に多い原子力政策の中で、私は敢えて動き始めた。誰のためでない、それが国のためと思ったからだ。日本のエネルギー政策のために必要と思ったからだ。丁度自民党は、私を「原子力規制委員会委員長」に付けてくれた。

私は内外事情を調べ、研究会を立ち上げ、精力的に動いた。経産省、原子力規制委員会、電気事業連合会、電力会社らを何度も呼んだ。令和三年半ば、渋る人々を説得して概ね意見が揃った。与党公明党にも説明終えた。自民党の党議手続きを目指して政調会長、幹事長に説明に行ったら、選挙が近い、選挙が終わって手続きしようとなった。

同年十月の総選挙、その選挙で私は落ちてしまっ

た。しかし原子力規制委員会の同志たちがしっかりフォローしてくれた。政府提出の法案として国会に出され、衆議院で採決、いずれ参議院で採決して法律として成立する。ある意味、私の議員としての最後の仕事となった。寂しくもあり、しかし自分が最後に産み落とした子どものような愛着を覚える。地味ではあるが、間違いなく国益に沿ったものと密かに誇っている。

四月三十日（日）

馬毛島《まげしま》、空港建設向けて賑わう

鹿児島県に「馬毛島」という米粒ほどの小島がある。種子島の一部で種子島から西方十キロの海上に浮かぶ。今や防衛施設の建設で賑わっている（五月一日、西日本新聞一面）。元々この島は土地の所有権、権益を巡って揉めに揉めてきた。国は三十年も前から安全保障面で米軍の航空地域に使おうと考えていたが、当然に住民の大反対を受けた。

私がいつの頃か、土地所有者立石家と国（防衛省）との調整の役を担うようになった。そして令和二年十一月、遂に土地の売買契約を両者間で成立させるに至った。地元では未だ賛成反対ある中で、国の空港建設の方向だけ本格化している。複雑な法律関係、民事の裁判争いが続く中、私は様々、官民からの相談に応じている。

日本の南西方面では、中国の尖閣諸島侵攻、軍備の拡張、台湾有事などの危険が迫る。一日も早く事態が収拾され、国の安全保障の要衝を確立することが重要である。私は今後ともその解決に向けて全力を尽くす決意であります。

五月二日（火）

クレムリン、無人機攻撃

ウクライナ戦争が膠着する中、五月三日、ロシアのモスクワ・クレムリン、大統領府の頭上を無人機が爆発、プーチンは無事であったとの報道があった。際物《きわもの》のようなニュースであったが、結構賑やかに報道されている。ロシアは当然ウクライナが攻撃した、アメリカが後ろに付いている、と非難するが、当然ウクライナもアメリカも一蹴、挙句にはロシアが戦況打開、国民刺激のために「自作自演した」のではという話まで。

ところで、私はこの戦争最初から、ウクライナはロシアに反撃すべし、ミサイルでならクレムリンでも攻撃出来るはずである、何故ウクライナ領内だけで防戦する。戦争だから当然に反撃すべきだ、と唱えてきた。

ロシア国民は今、情報統制でプーチンのウクライナ侵攻の不条理に気付かないままプーチンを支持し続ける。この戦争プーチン一人を排除（暗殺？）すれば済むものと言われているのに、専制主義と独裁制度を共産イデオロギーが支える限り、プーチン批判は起こらずに皆盲目的にプーチンひとりに従属していく。これがウクライナ戦争の最も不合理な、何の正統性もない本質であって、ロシア領内を爆撃して、国民を目覚ませる他にこの戦争を終わらせる手段はない。核戦争が怖くて反撃出来ないというのは負け犬根性というものである。一九六三年、ケネディ大統領がキューバ危機を乗り切った決断力と勇気を今こそ見習えとゼレンスキー大統領に言いたい。（実際私はコルスンスキー在日大使にはその旨進言している）

五月五日（金）

百田尚樹著『禁断の中国史』を読んで中国人には気をつけろ

連休にこの本『禁断の中国史』を読んで、改めて中国の実相に迫った。著者の百田氏については立派な作家、歴史家の一人と尊敬している。その筆力は当たり前としても、その古典、故事の収拾力、解析力には驚きを禁じ得ない。

日本人ほど中国を誤解している民族はいない、日本人は世界中で最も中国に誤った認識を持っている、と百田氏は懸命に説く。中国は古代、殷、唐時代から現代までの四千年は全て嘘と計略、裏切りと虐殺に包まれた闘争の歴史であって、その本質は将来も変ることはない。

その中でひとり日本人だけが中国を大切な隣国として崇め、親しみ、ある時期援助もしてきた。昔から中国への憧れがあった。漢文や漢字は日本のインテリの不可欠な素養であった。遣隋使、遣唐使を通して、余りに多くの文化、文明を学び入れた。『三国志』や『水滸伝』は謀略とデマゴーグを集めただけなのを、日本人が道徳と人格の英雄伝に造り変えて、勝手に愛読してきた。

近世になって、あの天安門事件（一九八九年）では、その残忍、非道徳な政治事件に対して世界中が中国を非難し、経済制裁で応えたのだが、ひとり日本は交流を続け、援助（ＯＤＡ）まで続行し、遂にあろうことか、（平成）天皇訪中まで決行した。中国が国際的な脅威国として警戒される最大理由の一つは、これら日本の歴史的処遇こそ指摘される。

日中の道徳観には多くの差異がある。例えば人を「騙す」ことは日本ではほぼ常に「悪い」とされている、一方中国では「騙される方が悪い」、「騙された方がバカだ」となる。これを延長すれば個人間の約束や法律上の契約、国家間の条約など、守るか、守らないかに発展する。中国は「南京事件」というのがあって日本軍がやったと主張する、これは全くの嘘である、しかしその嘘を改めようとしない、いくら証拠を出せと言っても出さない。尖閣列島問題では、中国政府自身の作った地図を「この私が」突き付けたが、遂に認めなかった……。

中国人はこのように酷い民族で、お人好しの日本人は決して油断するな、決して騙されるな、と百田氏は教え諭す。

はっと我にかえる。自分も多くの中国人と関わってきた。議員でも個人としても。良い人もいたし、思い当たる人もいた。そして今、弁護士として中国の関係者も多い。大方は立派な人だ。国際平和に少しでも役立ち、互いの経済に役立つように懸命に頑張っている。

百田氏のことばは忘れないように常に頭の片隅に置いておこうと思う。

五月九日（火）

鈴木宗男氏とやり合ったこと
中国問題（その二）

代議士二期目の若い頃。二〇〇〇年頃（平成十二、三年）か、自民党外交部会にて。日本は中国に未だ巨額の経済援助（二〜三千億円）をしていた。私は「中国などへの援助は止めろ、中国は第三国（途上国）に援助をしている、宇宙ロケットなどを打ち上げている、そんな中国になんでODA援助をする」と大声で演説した。すると外交のベテラン議員「鈴木宗男氏」が立ち上がって反論する、中国への戦争謝罪は未だ終わっていない、中国奥地の砂漠化対策には日本こそ援助すべき……原田－鈴木の中国援助論争は、度々起こり、自民党外交部会では話題となった。そして中国援助は程なく終わった。

年経て令和二年、私は習近平の国賓来日反対運動に全力を挙げていた。私の中国への姿勢は変わらなかった。中国に国際主義を守らせるには、誰かが身をもって示さなければならなかった。

五月九日（火）

「森鷗外」が太宰府に来た

文豪森鷗外は太宰府と縁が深かった。

森鷗外は明治三十二年〜三十五年の二年十か月、陸軍第十二師団軍医部長として九州小倉に配属された。その間の生活は『小倉日記』に詳しい。鷗外はこの間二度に亘って太宰府を訪れ（明治三十二年十月及び三十五年三月）、寺社仏閣、歴史遺産を訪ね、文化人らと親しく巡りあった。

（小倉は当初、鷗外にとって不本意な赴任地でもあったが、最後は逆に忘れ難い思い出の地となった）

五月十日（水）

小泉家の人々
小泉純一郎元首相と息子たち

懐かしい写真がネットに流れた。小泉ファミリーの話がテレビに出たらしい、小泉進次郎氏がその古い写真をホームページに転載した。さすがに有名人で、あっという間に「いいね」は一万を超えた。

このファミリー、私にとっても特段の縁がある。昔、父親の小泉純一郎氏と私は神奈川県の衆議院選挙で何度も対抗した。とても勝てる相手ではなかったが、それでも私は初当選を記録した（平成二年）。当時は「中選挙区制」で小泉氏こそ最大の政敵であった。程なく小泉氏は厚生大臣になった。すると私をなんと「厚生省政務次官」に引っ張って頂いた。（もはや「小選挙区制」となり選挙区衝突はなく、かつ私は福岡県に転地していた。小泉氏と同志の山崎拓氏のご尽力が大きかった。）その縁もあって、その後に行われた自民党総裁選では、私は小泉選対で大奮闘した（当選、小泉内閣誕生）。多少の恩返しができた。

三十年が経ち、ベテラン議員となった私は環境大臣を務め上げた。私の大臣後任になんと息子の進次郎氏が就いた。福島原子力発電所の処理水を海洋投棄とする私の発言で世の中は大騒ぎしていた、進次郎大臣には随分と苦労を掛けたとされている。次の総選挙（令和二年）、結局私は落ちたのだが、進次郎氏の応援とメッセージは私にどれほど大きな力を与えたものか。

純一郎氏と。引退したもの同士、何かの会合で一度だけ顔を合わせた。「おー、元気してるな」、例の大きな声、右手で肩を叩いてくれた。目が合い、多分二人しか分からない強い感慨が、瞬間二人を近づけた。

五月十二日（金）

戦後の引揚者の苦難
「二日市《ふつかいち》保養所」で起こったこと

福岡県に「二日市」という地域がある。今は跡地となっているが、ここに戦後『二日市保養所』とい

う医療施設がひっそりと存在していた。きょうその場所で、僧侶が来ていわゆる「水子供養祭」が行われた。

先の戦争が終わり、昭和二十年以後暫く、博多港には多くの日本人が外地から引き揚げて来た。帰国を喜ぶ人もいたが、不幸を背負って帰って来たものも多かった。ソ連、満州、朝鮮から引き上げる際、現地で性暴力を受け妊娠を持ち帰る不幸な女性も沢山いた。「保養所」という名の施設では国の管理のもとに多くの堕胎手術が行われ、この二日市が水子供養の場所として、ひっそりと受け継がれてきた経緯がある。地元の人間にも広くは知られていない。

戦後の日本人引揚げは全体で五〇〇万人以上に及ぶ。引き揚げ地も京都の舞鶴含め全国で二十か所に及び、或いはどこの地点でも似たようなことは行われたろう、しかしその悲劇の歴史と供養をしっかりと残しているのは、唯一この福岡県「二日市」だけだという。

その史実を学び、それを後世に伝えていくことで、あの戦争の歴史とその総括、被害を受けた人々、遂に生を受けなかった数万の命たちにせめてもの慰霊と供養を続けていくことは必要でないか……私も地元の人間の一人として予々その運動に取り組んできた。元毎日新聞論説「下川正晴氏」の強い牽引力に負うところが多い。（写真は供養祭と続く学習会）

五月十五日（月）

田中角栄氏との邂逅《かいこう》（再会）

元首相「田中角栄」氏に縁を持つ文化人の集まりで、楽しいひと時を過ごした。この大政治家もすでに昔の人になったが、その存在はわれわれ日本人にとって決して忘れることはできない。

　私にとっての田中角栄氏は、私が役所に入った時の通産大臣大臣であった。私が通産省を辞めて政治家になろうとしたとき、ご挨拶に行った。私の義父が田中派の議員（参議院副議長、和歌山県）をしていたので、私が「前田かずおの息子です」と挨拶したら、先生は大層喜んでいただき、政治家としての心構えを教えていただいた。「選挙とは難しいが、君には見どころがある」と励ましてくれた。それが私の終生の誇りとなった。

　そのご長男「田中京」氏とは旧知の間柄で、お互い無事を喜び合った。この会は、デジタルアート（電子美術）を推進する会で、デジタルアートは将来一層普及するといわれている。

五月十七日（水）

「麻生派」のパーティ、超盛況
麻生氏のこと

東京で麻生派の政治パーティが行われた。コロナ後の勢いもあって、大変な盛況で、出席は六、七千人以上か。麻生太郎会長の演説は自信と実績に満ちており、世界経済、ウクライナ戦争、台湾有事、日本の安全保障、自民党の役割り等に及んだ。来賓出席の岸田首相（ビデオレター）、茂木幹事長からの祝辞もあったが、単なるお祝いを超えて、両者とも本気で麻生氏に頼っているという現在の政局を表していた。明日に広島サミットを控えて、今や世界の政治をも動かさんとする勢い。

私は今年、一般参加者として会場から聴いた。壇上の議員たちを多少複雑な思いで見上げていたが、それでも麻生氏とこの議員集団がこれから国のためにやってくれる政治に強い期待と信頼を寄せた。余りの人混みの中であったが、帰りしな、麻生氏には遠く手を上げ、目を合わせて挨拶を済ませた。

麻生氏は八十三歳となるが健在である。一層力を増している。派閥には「河野太郎」という人材がいるが、河野氏と麻生氏は余り反りが合っていない。近づく総選挙とその後の自民党総裁戦に対して、麻生派がどう出るか。麻生氏も河野氏も毛並みが良過ぎて妥協を許さない性癖がある。イデオロギーも異なる。

派閥を割ってはいけない。人数故えの政治力である。ここは河野氏の研鑽と忍耐を期待したい、ぎりぎり麻生氏と呼吸を合わせて欲しい。派閥には甘利明氏、森英介氏、松本純氏、高村正彦氏ら錚々たる幹部が居る、彼らが必ず調整する。

綺羅星《きらぼし》の如く人材はいる、それが自民党だ。

五月十九日（金）

「G7広島サミット」成功と岸田首相その父親も

「広島サミット」の三日間が終わった。多くの課題、とりわけ核兵器禁止、核軍縮への取り組みは国際社会に強い心理的動機を与えた。ウクライナ戦争終結に向けて大きな前進をもたらした。あのゼレンスキー大統領が急遽来日したこと自体、事の重大さを物語る。AI、チャットGPTなど近未来のデジタル開発なども今や世界的な課題でもあった。これら現下の世界課題を一気に取り込み、G7を超えて世界の政治指導者を日本に呼び込んだ。

「サミット」と名のつく会議は、大小、今や珍しくなくなったが、今回の「広島サミット」こそ名実共に本格的な「サミット」であった。このサミットで最も活躍したのは、言うまでもない、岸田文雄首相その人である。当地を出身地元とする岸田氏とすれば、自らの実行力に万感胸を去来するものがあったろう。彼を知る者からすれば、その努力と成功に「よくやった」と素直に褒めるか、若しくはあれだけの実力は一体何処にあったのかとただ驚くだけかも知れない。

私にとって強く思い出す人がいる。彼の父親、「岸田文武《ふみたけ》」氏である。岸田文武氏は昔、旧通産省の局長（「中小企業庁長官」）を務めていた。その後広島から国会議員となった。その父親の死亡を受けて息子の文雄氏が国会議員の後を継いだ。

非常に稀な縁であるが、私は大学出て同じ通産省に入ったが、最初の赴任先（「公害保安局」）の課長が父親の岸田文武氏であった。大変几帳面、真面目な方で、私は公私随分とご指導頂いた。議員となられた後も、何度かお会いした。

あの文武氏が今の息子を見ればどんなにお喜びだろうか、常に控え目で、そのＤＮＡはそのまま息子に繋がっている。その息子が首相になり、これだけの大活躍をしているのだから、父親たる文武氏は大喜び、しかし相変わらず控え目に振る舞っておられるのであろう。

私は息子の岸田首相と国会議員の一期先輩で、自民党では大方一緒に仕事してきた。一昨年の議会ではほぼ一年余、衆議院本会議場では真隣りに座りあった。彼が自民党総裁戦を経て衆議院の首班（首相）指名の瞬間にも本会議場の真隣りにいた。岸田氏の真面目で控え目な態度は、いつも親父さんと同じだと感じていた。二人で話す時には、大体親父さんの思い出から始まる。

「先進国首脳会議」、いわゆる「サミット」は、日本でも五、六回行われたが、今回ほど注目と成果を揚げたものは、私は知らない。現実化する核使用危機、ロシアのウクライナ侵攻、近づく中国の台湾侵攻など、この広島サミットはこれら緊張の最中で行われた。岸田氏はその一連の会議の議長を見事に演じ切った。来られないと言っていたバイデン氏もゼレンスキー氏も駆けつけた。岸田首相は運にも恵まれた、「運もまた実力のうち」、という言葉こそ、何より今回のサミットと岸田氏を表すに相応しい。

五月二十二日（月）

柔道王者「佐藤宣践《よしゆき》先生」との再会

柔道の佐藤宣践先生が東京の事務所に来訪され、昼食を挟んで楽しい時間を過ごしました。今、日本の柔道界も財政問題などさまざまな課題に直面しており、国会議員柔道議員連盟の強い後押しなどの要請もあった。私も柔道界に長く籍を置く以上、日頃のご無沙汰を恥じながら、今後些かでもお返しをしなければならないと思った。

佐藤先生は東京教育大学卒、現在東海大学名誉教授、総監督、桐蔭横浜大学学長、全日本柔道連盟、講道館役員ほか多数歴任。戦歴は一九七一年全日本

柔道優勝、世界選手権優勝、山下泰裕氏（全柔連、日本オリンピック協会会長）らの師匠ほか

私とは大学三、四年時代には東大柔道場で直接柔道寝技の指導を受けた。私も寝技が得意であったため、二人の対戦はしばしば評判になった。私が衆議院選挙に出た時は、私の選挙カーでは神奈川県内各地で応援演説も頂いた。

（写真右は網倉君、全柔連役員、私の元事務所秘書、元神奈川県逗子市議員。二人に挟まれ、私がスマートに見えますね）

五月二十四日（水）

原発処理水、韓国専門家の視察終わる

福島県の東電原発処理水を韓国の専門家チームが視察した。日本政府は今年の夏に海洋放出することを決めているが、この問題は意図せぬ形で国際化した。二〇一九年十月、環境大臣の私は海洋放出しか解決の方策はないと発言した。世の中は大騒ぎとなったが、一番批判したのが韓国であった。安全性の問題もあったが、最悪と言われた当時の日韓関係も反映していた。日本政府は二〇二二年には放出方針を決定し、今は最後の準備段階にある。

この間、韓国、中国など周辺諸国は海洋汚染を危惧して日本に非難と注文を付けてきた。それでも日本は真面目に技術的検討を続け、一方で国際社会への働き掛けに務め、とりわけ昨年十一月、国際原子力委員会（ＩＡＥＡ）の専門家の視察を受けて了解

対トランプ
デサンティス氏出
処理水 日韓で意見交換
安全性評価 言及せず
生存者初

を得た。

今年二月に行われたプーチン大統領と習近平国家主席との中露首脳会議共同声明でも、日本非難にこの原子力処理水が挙げられた。

一方、この問題で最も歴史が深い韓国との間では、尹錫悦《ユン・ソンニョル》大統領との日韓関係の改善により、韓国の専門家視察を受け入れることとなった。

韓国の正式の発表が未だあったわけでない。しかし放射能処理水という環境問題が、厳しい国際政治の批判の中で耐えて今日まで生き延びてきたことは、日本政府と国民の真摯な努力あっての結果であり、特に東北の漁業者と人々は風評被害という目に見えない被害に苦悩してきた。本格的に処理水放出が始まると、その恐れは一層具体化するだろう。願うらくは、韓国、中国らアジア諸国がそれ故に続ける日本水産物の輸入制限を、すべからく解除してくれることを祈っている。

正しいことは必ず実現する、という天の法則が理解されただけでも、私はそこで確かに生きていたことに誇りを感じている。

五月二十七日（土）

原田事務所で永年勤続表彰

地元福岡の原田事務所は、長いこと選挙事務所で、今は弁護士事務所になっています。この事務所は平成五年頃に始まり、多くの秘書、事務職員がスタッフとして勤めました。延べ人数では一〇〇人を越します。

この度現在の事務職員「中村早苗さん」が福岡県商工会連合会から永年勤続表彰を受けました。彼女については、三十年以上、ほぼ当初から。幼子を抱えて、その幼子も今や家庭を持って母親になっています。

私が地元福岡と東京で、安心して活動できるのもこれら事務所の人々がしっかりと頑張ってくれるからで、私は常に感謝の念で一杯です。僅かな手当てしか払えないのに、と反省ばかりしています。

今後ともこの事務所を中心に、この福岡のために少しでも役立つよう頑張ろうと思います。

五月二十八日（日）

イランの実業団来日
私が「日本・イランの橋渡し」に

イランから多くの経済人が来日しています。来日ビザのお世話もしましたが、その相談案件も非常に広範に及び、国道の建設、港湾の整備、自動車産業の振興など国家事業に関わるもので、私の政治家、官僚などの経歴も役立ちそうです。

イランの人々の日本への愛着、信頼感は私たちの想像を超えており、一方でこのままいけば中国の勢いに呑まれてしまうという危機感を隠そうとしな

い。昔イランは日本にとって中東の産油国、石油の輸出国として最重要国であったが、最近では原子力問題、ウクライナ戦争でロシア支援など西側諸国の「経済制裁」の対象になっている。アメリカに沿って、日本も当然制裁の側に立っており、イランはアメリカ、日本とは外交で対峙している。イランは中東でもうひとつの大国サウジアラビアとも仲が良くない。

しかしそれらは遠くない時期に終結すると期待する、国際情勢は常に動いているのだ。その時こそ、日本はイランにとって、最も信頼できる友好国となる、そのためにも今、この苦しい時代を共に耐え忍ばなければならない。経済活動では外交政治とは別に生きる道があっても不思議でない。

この人たちの熱い眼差しと心情に接することで、私は遂に日本とイランの友好のために「橋渡し」に徹すると宣言しました。全員から大きな拍手と、先生、一度早くイランに来てくれという招待を受けたのです。日本とイランはそれぞれ悠久の国家歴史を有しています。西と東の有力国家が手を結べば、必ず世界の平和と繁栄に寄与するはずです。

五月三十一日（水）

原発、耐用年数六十年超、法律成立

わが国の原発は、二〇一一年東日本大震災以降、耐用年数は四十年、例外的には六十年まで運転できると厳しく法定されている。この度わが国も、米欧の原発先進国の例に倣い、安全性の検査を絶対条件として「六十年超」まで延長することが法律化された。

この議論の発端と自民党内の政策決定には

不肖私（原田）が大きく関わった。私は二〇二一年選挙で議席を失くしたが、国会では同志の後輩議員たちが今日の法律制定まで懸命に頑張った。また私も深く関わったという密かな誇りの中で今後生きていくことになる。

これにより原子力発電は環境対策（脱炭素）、経済性、安全保障などの観点から、改めて必要性と重要性が確認された。紛れなく、将来のエネルギー政策、国益の増進に役立つものとなる。**六月二日（金）**

伸びゆくイランの自動車産業

イランの実業団を『日本自動車工業会』に案内して、中身の濃い意見交換が出来た。イラン側から日本側には、日本車の輸入を増やしたい、生産協力、技術協力などの強い要請があった。他方日本側は、イランがすでに非常に進んだ自動車生産国であり、将来に亘って更なる意欲を有している事については新しい発見の様子であって、個別の社に前向きに検討させたいとの回答をされた。何より前提として、現在の米欧、とりわけアメリカの対イラン経済制裁が一日も早く解除されることが必要との認識を共有した。

私が仲を取って、「イランがこれら経済産業分野でも日本に寄せる愛着と信頼感は大きなものがあり、一方イラン国内では中国が勢力拡大することへの危機感を隠そうとしない、今こそ日本がイランとの協力関係を強化しておく大事な機会、チャンスである」と檄を飛ばした。**六月二日（金）**

アパホテル祝賀会　世界一を目指す

恒例のアパホテルの祝賀会。今年は創業五十二年目に当たる。一度も赤字を出したことはないと言う。元谷外志雄代表先頭に家族、社員一同で真面目に、真剣に活動してこられた。日本一から世界一のホテルを目指すとの意気込み、必ず実現されるであろう。

グループの会合に参加する度に、世の中で頑張っている多くの人と巡り合う、さらに自分も頑張ろうという強い刺激を受ける。私も演壇に立ち、元谷氏は「現代の渋沢栄一」だと持ち上げて感謝と激励の言葉を送った。

（写真は元谷氏、デヴィ夫人、橋本聖子参議院議員など）。

六月六日（火）

メキシコとのリチウム鉱物取引き

メキシコ産のリチウム鉱物について、取り引きの可能性が出て来た。リチウムは精密化学、半導体、デジタル分野など将来産業にとって不可欠の希少

鉱物（レアメタル）であり、どの国もその確保に懸命となっている。今回メキシコから供給の打診があったため、急遽経済産業省、ＪＯＧＭＥＣ（鉱物資源探査機構）とメキシコ鉱山代表との間にてオンライン協議を行なった。民間企業同士の話し合いと並行して、国家間の協議も必要ということで概ねの合意が得られた。

私は全体を調整する立場で、メキシコ側に謝意を表するとともに、これらを通じて日本とメキシコの関係が一層増進されることに強い期待を表明した。

六月七日（水）

平井筑紫野市長、来訪

筑紫野市長「平井一三氏」が私の東京事務所を訪問された。上京は全国市長会に出席のため。あの激しかった市長選から早や四か月、仕事も順調で、当然に多忙を極める。短時間の応接であったが、お互い健闘を讃え合い、かつ中央と地元の情報交換を一層緊密にやろうとなった。私のスタッフは全員、市長と古い仲間である。

六月七日（水）

嗚呼、ストリップ劇場、遂に復活へ

ストリップ劇場、といっても、暗い場末ではない。都市のど真ん中にある。明るいお客さんが多数

出入りする。周りは商店街。踊り子も、体操競技の女子選手のような健康美、清くて清潔で。女性だって客に来る、街の老人たちには二度目の青春をもたらす……。

埼玉県蕨《わらび》市にあるJR駅前ビル、その四階にある劇場が火事になった。舞台も観客席も焼けた。営業は止められ、火事の後処理には時間が掛かる。事業主もビルのオーナーも、踊り子も、商店街の役員たちも途方に暮れた。ビルも建て直し、劇場も早く再開したいのだが。

火事になったのは昨年四月。助けて欲しいと、なぜか私の処に声が掛かった。頼みがあれば、私は逃げない。現場に飛び声を聴いた。皆さん、生活が掛かっている、本当に真剣だ。しかし監督当局は話を聴いてくれない。

現場の改善は急がせます、処分を急いで下さい。消防や警察、埼玉県庁、国の役所、偉い人にまで。人々が苦しんでいます、皆さん、まじめな人ばかりです、私は陳情を続けた。「風俗営業」となると、当局の目は特段に厳しいような。

「先生、遂に許可が出ました」マネージャーの声は弾んでいた。まる一年、闘い抜いた瞬間であった。「良かったな。よく頑張った。今度は気をつけろよ」私の声も、弾んでいた。

成人向け文化が、清く明るくひっそりと栄えるのも、コロナ禍のあとでは相応しい。特にあの人たちが元気に喜んでさえくれれば……。（写真は、焼け跡

風景）

六月八日（木）

日本と台湾、友情のコンサート

福岡市で、日本と台湾、友情のコンサート『心の絆』が行われ、妻と那須純子さん（春日市議会議員・初当選）と参加しました。台湾側は玉山銀行グループ、日本側は地元の筑紫女学園高校と姪浜中学校、いずれも素晴らしい合唱と演奏で、演出もコラボも大変楽しかった。ホールはまた福岡市で最高といわれるアクロス・コンサートホール、会場も満杯で、なんと特別ゲストとしてプロ野球の「王貞治元監督」が紹介された。

私にとっては久しぶりの音楽会で、身も心も生き返るような感動でした。私はいよいよ無芸な人間ですが、音楽や美術絵画を観ることは大好きで、芸術が人間に与える影響が非常に大きいことを知っています。

日台協力の事業となると多くの日本人には特別の感慨を与えます。台湾を守ろうという強い連帯と共感を圧倒的多くの日本人が抱くのです。

演奏の三時間、私は休むことなく「台湾有事」のことを思考していました。この平和で幸せな台湾を、なぜ武力で破壊する必要があるのか。誰にとって必要なのか。その将来の平和なることをどうすれば守れるか、ひたすら思索していました。

六月十二日（月）

「論語」と日中関係。私のやったこと

連日、多くの人々が事務所に来られる。中国人の実業団が来訪した。その中の主賓「孔健」氏が自ら編集された『論語（中日米訳文）』という膨大な書物を帯同された。実務案件は色々あったが、つい「論語」談義に盛り上がった。孔健氏はその名「孔」が示すように「孔子」直系九十代目くらいの素姓に当たるという（中国には「孔家一族」という孔子に繋がる膨大な家系が実存し、未だ隠然たる影響力を持つという）。

折角の機会なので、私も多少の（知識）を傾けた。孔子の「論語」は、日本人にとっても最も縁の深い古典である。全ての日本人は子どもの時、小学校から、いや中学、高校、大学入試でも漢文を勉強した。

私は、「中国人には少し耳が痛いが」と前置きして思い出話しを話した。昔私が若い頃、「衆議院外務委員長」をしていた。何かの用事で中国に渡り、中国の要人四、五人と会った。それぞれと要件が終わった時、私は率直に切り出した。「最近の中国はおかしいのではないか。他の国を誹謗する、民族を虐める、約束は守らない。よその領域を侵す……、最近の中国人は、孔子の「論語」は読まないのか、勉強しないのか。われわれ日本人は子供の頃から、勉強する。大学入試でも漢文の試験があった。日本人の倫理、道徳の殆どは孔子様、「論語」から学んだと言っても過言でない。家族を大事に、親や目上を敬う、隣人を大切に、徳をもって弱者を助ける・・・、全て今の日本人は「論語」から学んだ。それに対して今の中国は何だ。よその首相は罵る、礼儀は弁えない、約束は守らない……、今の中国人は「論語」は勉強しないのか。」私が詰問したら、全員がモゴモゴとして、はっきり答えなかった。頭を掻いた風であった。

超荘厳な建物、人民大会堂（国会議事堂）、外務省から日本の大使館に戻って、小さな記者会見を開いた。ありのままを報告して急ぎ帰国したのだが、どこかの新聞一紙だけ「中国にここまではっきり意見を言った日本人政治家は珍しい」と書いていた。帰国して、小泉総理、麻生太郎外務大臣には報告した。お二人ともうんうんと頷いておられた。七、八年経って、私はこのことを、衆議院予算委員会で短

く紹介したことがある。
遠い想い出ではある。
　これを聴いた孔健氏らは、概ね納得できるという風で、静かに聴いておられた。これに続いて、実はもう一つ大きな驚き《ハプニング》があった。

六月十六日（金）

偶然か　必然か
「論語」からのことば（その二）

　孔健先生から大きな書物を頂いたうえで、私もお返しに最新刊（「政治家の力、弁護士の技」）を差し上げた。その際、孔健先生から、何か言葉を書いてくれと所望されたので、急なこと私は皆の監視の中つい「知仁勇で達徳」と筆書きした。古典「中庸」から「論語」に継がれた言葉で、「知力、人徳、勇気が備わって初めて人格が完成する」という意味を成す。
　そして皆があっと驚いた。何と、書家でもある孔健先生が前もって準備された私への揮毫も、紛れなく「知仁勇」の三文字であった。同じ論語の出典で、「知仁勇」の三文字が一致するとは何というか偶然か。孔健先生も私も、一同も余りの偶然に暫し息を呑んだ。
　現代の二人が、洋を超えて、同じ理念を持ち、それは実に二五〇〇年前から予定されていたことばだった。偶然か、いや必然だったのか。

六月十七日（土）

「西川京子」元文科副大臣、送別会

元衆議院議員で元文科省副大臣「西川京子さん」が、福岡での活動を引退して熊本に帰郷されるという。大学学長を務め、保守系「日本会議」での活

動は最後まで尽くされた。日本の歴史と誇りを毅然と守り抜き、強力に発信を続けられた。選挙はいつも苦労されたが、そこで鍛えられた人間性と精神力は、女性議員の鑑みとして永く語り継がれるに違いない。

　西川さんと私は、政治歴も近く比較的仲が良かった。私は送別のことばを述べた。「西川さんは昔、『松岡利勝《としかつ》』と一緒に自民党のために闘っていた。松岡というは、私の同期、親友であった。農政の専門家で、今の『農業基本法』はほぼ一人で造った。農林水産大臣にまでなったが、瑣末なことを起こして最後は自死を選んだ。本当に立派な男であった。私は二人を尊敬する。二人を産んだ熊本県を尊敬する……」と。

　私は、「西川さん、福岡は熊本から僅か三十分の距離にある。引き続き福岡に来て赤い気炎を吐いて欲しい」と本人に直接に呼び掛けた。

六月二十日（火）

「文部科学大臣杯」少年将棋大会

　少年将棋大会「文部科学大臣杯」が開かれた。私は福岡県の将棋連盟会長を務めており、例年応援に駆け付けている。近年の将棋熱は大いに盛り上がっているが、言うまでもない、あの藤井聡太プロの活躍による。藤井プロは、若干二十歳で七冠、全てのタイトルを独占しているから驚きで、然も近年のインターネット、AI技術をいち早く取り入れていると言われる。（往年なら五十～六十歳が全盛期）

少年選手たちには「君たちも同じように若い、藤井名人に見習ってしっかり頑張ってください」と訓示した。付き添いの父兄たちには「将棋は、頭の論理的思考を養うため、幼少期に学ばせることは特に重要です。」と激励した。

私も将棋は小学校時代からやっており、現在は「アマチュア五段」の免状を貰っている。自分の精神活動には大いに役に立ってきたという実感がある。

六月二十一日（水）

嗚呼、愛する北海道に

何十年ぶり、実に七十年ぶり、私は北海道、しかも「沼田町浅野」という故郷に辿り着いた。その昔、小学校二年生から五年生まで、私は「浅野」という炭鉱町で過ごしていた。大雪が降り、冬は零下三〇度になり、スキーもスケートも当たり前のような毎日の生活であった。町は活気に溢れ、数千人が住んでいた。

やがて私の家族は九州福岡の炭鉱町に移った。父親の勤める「古河鉱業」は財閥系企業で各地に炭鉱を開発していた。

　時代が変わり、国から石炭産業も消え去り、あの浅野炭鉱も閉山した。そして昭和四十四年、一帯にはダムが作られ昔の街はそっくり湖底に沈んでしまった。今そのダム湖（ホロピリ湖）は丘の上から眺め、通った学校も走り回った野山も、ただ古い地域住宅地図と私の遠い記憶の中に残るだけとなった。

　誰でも歳を取った時、子ども時代に一度は戻りたいと思うだろう。私にはその長年の夢が遂に叶った瞬間でもあった。

六月二十四日（土）

「北海道よ、立ち上がれ」講演会で故郷を語る（その二）

　北海道沼田町のご配慮で、私の講演会が開かれた。私は遂に帰郷を果たせたこと、私の来し方、政治家としての思い、やがて来る「台湾有事」のことなどを率直に話した。政治論、経済論、安全保障は普段のペースで、最後は北海道のポテンシャル（潜在力）への期待、尊敬する渋沢栄一の「論語とそろばん」などで一時間を終えた。

◎今回の講演会は、「横山茂」沼田町長の強い厚意で実現した。その際に浅野時代の友人「佐藤松雄」さんが引っ張ってくれた。
◎往年は最も交流した「西田篤正」前々町長と再開した。
◎旭川市出身の「東国幹《あずまくによし》」代議士が隣の選挙区から駆け付けてくれた。東さんは昔に私の東京事務所秘書をしていた。今や地域の代表者に成長している。

◎伊達市から「中村恵子」さんが駆け付けてくれた。中村さんは、江戸幕府、松前藩が蝦夷地（北海道）を正しく守ったという歴史を確立することで、アパホテル懸賞論文大賞を得た。
（写真は横山町長、中村恵子さんと）

六月二十四日（土）

旭川、北海道第二の都市（その三）

沼田町から約一時間、旭川市に入った。旭川は札幌に次ぐ北海道第二の都市。

午前中には自民党支部大会。会の運営が整然と行われていること、その中で東国幹《あずまくによし》代議士が支部長としてしっかり頑張っていることに誇りを覚えた。挨拶ではさり気なくも私が昔、東君の師匠であったこと、みなさまには呉々もよろしくご指導下さいと頼んでおいた。総選挙も近いだけに特段の力が入った。

なお、地元の「今津寛《ひろし》」元代議士と久方ぶり再会、当選同期（平成二年）の親友で本当に懐かしく旧交を温めることとなった。

午後には市内、有名な旭山動物園とラベンダー農園を訪ねた。動物園はペンギン、あざらし、オオカミ、ひぐまなどが、実に自然で、工夫された水槽、檻の中で飼われており、全国で最も有名な動物園として知られている。

旭川ラベンダー庭園も素晴らしい絶景で、社長自ら場内カートを運転しながら、最近全国一の庭園だかに選ばれたという。

夕刻には札幌市内に到着、大きな雑踏、コロナも開けた大都会こそそこにあった。

六月二十五日（日）

北海道と私　そしてクマのこと（その四）

北海道は私の故郷であるだけに、つい身贔屓《びいき》になってしまう。本州、内地の人々は北海道が何故か憧れのようで、東京でも福岡でも、時々「北海道フェア」が行われて大人気の様子、わがことのように嬉しい。

最近クマの話が持ちきりとなった。クマは昔から愛らしい動物で、ペットにしたいアイドルであった。ところが今、熊は凶暴な動物となった。幾つかの事故が全国ニュースとなり、札幌でも出没するらしい、人も襲うらしい。北海道に来てからは、いつも危ない、危険だの話題ばかり。

帰りしな支笏湖、洞爺湖のそば「クマ牧場」に立ち寄った。何十頭ものクマがそこかしこ、こどもから巨大な猛グマまで、大きな堀割りの中、奔放に放されている。皆んななんと可愛いいことか。「北海道の人たちは、皆君たちに感謝しているからね」と心の中で呼び掛けたものだ。

六月二十六日（月）

ワグネル反乱
プーチンの「終りの始まり」か

ロシアのワグネルの反乱、さすがの私も驚いた。プーチンの「終りの始まり」となるか。ブリゴジン氏の勇気と行動力には感動したが、そもそも分からないことが多過ぎる。

ワグネルの「民間武力組織」というものが理解出来ない。日本や近代国家ではそれを暴力組織とかテロ組織とか呼ぶ。その暴力組織をロシアでは第二の軍隊として公然とウクライナ侵攻に使っていた。

反乱の動機は、プーチンへの不満というよりロシア正規軍との軍人どうしの確執のようだ。反乱は平定された。プーチンの権威、統率能力は著しく下がったが、失脚するまでにはならないという。ただウクライナ戦争を終わらせる何ら物理的、政治的な動機になることを望みたい。プリゴジン氏の安否は気に掛かる。

六月二十八日（水）

大金持

安倍元総理、追悼する会

「日本会議福岡」で安倍元総理追悼の集い、記念講演会が行われた。講演者は政治評論家「伊藤哲夫」氏、安倍氏の若き政治家からの時起こしで、私と活動歴の重なることも多くあった。私は安倍氏最後の内閣の一員で、令和の改元を共に過ごした。

安倍氏は文字通り、戦後日本の骨格を形作った人であって、今の日本にとって安倍氏を失ったことの大きさを改めて感じさせた。

七月二日（日）

安倍元総理、ピアノ演奏を貴重なフィルム

安倍元総理が直々にピアノ演奏を。安倍氏は小学校一年までピアノを習っていた。以後弾いたことはなかったが、六十六歳の時、猛特訓の末「花は咲く」を独奏されて大喝采を浴びた。

七月二日（日）

処理水、ＩＡＥＡ承認

福島原発の処理水問題につき、ＩＡＥＡ（国際原子力機関）はその事務局長グロッシ氏を日本に派遣し海洋放出措置にも事実上了解を与えた。日本政府は科学的手法に沿って最後の準備を進めているが、一方で、内外への広報、説明には丁寧さが求められる。国内では地元福島、魚連への説明、風評被害への対策が重要、国外では韓国はすでに専門家視察も終え、国民説明は最終盤にきている。中国は相変わらず政治的、外交的カードに使っており、日本産海

産物の輸入規制を示唆するなど見え見えの態度を示している。

私は、本問題、全体として大きなヤマは過ぎたと認識している。

七月七日（金）

怒り！『ジャニーズ問題』を糾弾する

ジャニーズ問題は今の日本の闇を一瞬暴くことになった。ジャニー喜多川の常習的な性加害は広く世間に知れ渡ったが、全容の解明、責任者の処罰、被害者救済は進んでいない。

ジャニー喜多川は、芸能集団ジャニーズを創り上げた功労者ではある。しかしその実多くの若者に性的暴行を加えるという大罪を犯していた。その事実が公開されたのは彼が死んでからであり（二〇一九年、八十七歳）、後を継ぐ企業関係者は、初めてその事実を知ったなどと繕って死者の罪状を隠そうとさえした。彼の強烈なカリスマは、身内ばかりか報道関係者の行動さえ支配していた。

何故止められなかったか。実に二十年前（二〇〇四年二月）、すでに最高裁判所は週刊誌「週刊文春」との名誉毀損裁判でジャニーの罪状を認定していた。何故その直後から悪行を抑止し、対策が取られなかったのか。

イギリスにジミー・サビルというメディアの大物がいた。青少年番組で国民的人気を博し、慈善活動に取り組み、チャールズ皇太子（国王）、サッチャー首相らと交流し、ナイト（貴族称号）にさえ叙された。然し死後、（二〇一一年、八十四歳）、生前の性的暴行が明らかになった。彼への非難活動は国を挙げての激しいものになった。警察は三億円を投じて捜査を開始、メディアの協力も得て、報告書を公表、関連の事件で十九人が逮捕され、彼の墓石や記念碑などは全て撤去された。

日本とイギリス、彼我の差は何処から来るのか。社会の木鐸《ぼくたく》、守り神としての日本の報道こそが問い直されなければならない。勇気を奮って表情を晒す若者たち、流す涙の無念さを見ると胸が締め付けられる。彼ら可惜《あたら》尊い人生が、少しでも回復するように、密かに然し力強く、社会全体が支える努力をしなければならない。（一部、「毎日新聞」七月三日記事参照）

七月八日（土）

大雨、豪雨の福岡　それでもわが故郷

七月のこの一週間、福岡、北部九州は大雨が降り続く。梅雨前線がこの地域に留まったとかの理由で、とにかく降るだけ降る。洪水、土砂崩れなどが県内各地で発生。テレビは東京でも、常に福岡の大雨がトップニュース、私は出身ということで多くの人に見舞いの言葉も頂いた。

週末福岡に戻ったが、確かに明けがた早朝、雨の音で起こされるという日が続く。

「線状降水帯」という用語が最近使われるようになったが、私はだいぶ昔から聞いていた。あの朝倉・東峰村の大災害もすでに六年前、二〇一七年七月だった。ほぼ毎年、七月には大雨が降る。この福岡は地形的にそうなっているのだろう。

災害は多いが、然しそれでも福岡はわが故郷。私はここで生まれ、育ち、今も生きる。誰にも故郷がある、その故郷に抱かれることの幸せは何ものにも代え難い。

七月十一日（火）

柔道王者神永昭夫先生の言葉

『勝負は負けた時から始まる。弱さを知った時、己の成長が始まる。』という言葉をネットで見つけた。これは「神永昭夫氏」の言葉という。神永氏とは往年、日本の最強の柔道選手権者であった。

一九六四年（昭和三十九年）十月の東京オリンピ

ック・柔道無差別級決勝で神永さんはオランダの巨人アントン・ヘーシンクに抑え込まれた。日本柔道が遂に外国人に負けたのだ。実は私はその瞬間に、日本武道館のその現場で学生スタッフとして働いていた。私は多くの日本人と共に心の中で泣いた。

二〇〇〇年（平成二年）二月、私は衆議院選挙で初当選した。神永氏は、もう一人の柔道王者・オリンピック重量級金メダル「猪熊功氏」とお二人で、私の当選祝いをして頂いた。この世でこの柔道王者二人の栄誉を直接受けた者は、多分、いや間違いなく、他に居ない。そして私はその時、だいぶ時は経っていたのだが、神永氏のオリンピックの敗戦の思いと責任を聴いた気がした。

時は流れ、お二人は遠に鬼籍にある。何かのご縁で神永先生と邂逅《かいこう》（再会）することとなった。奇しくも私は今、その「勝負（選挙）に負け、弱さを知った時」にある。然らば、今こそ私は「成長の途上」にあることを先生に教えていただいたことになる。

七月十一日（火）

斎藤法務大臣を訪ねて

霞ヶ関の法務省を訪ね、斎藤健法務大臣と面会した。元気いっぱいで執務中、頼もしい限りである。

訪問するに特段の用件はなかった。ただ斎藤氏は、私の経済産業省、政界でのずっと後輩になり、個人的に親しくもある。斎藤氏の最近の活躍ぶりはテレビ、新聞で理解しており、一度先輩として激励に伺いたいと思っていたもの。

法務大臣の仕事は大変である。法務、司法、社会政策、家族政策、ＬＧＢＴ、共同親権など、古今の問題が一気に噴き出している。彼は経産省官僚としても優秀、政治家としても経済政策の専門家で、すでに農林水産大臣も務めた。分野の違う法務大臣で経歴、人脈を広げることで、政治家としてさらに大成されることを期待している。共に卒業した経済産業省のことについても、思い出と近況について意見を交換した。

七月十四日（金）

アフリカの友、「ゾマホン」君と再会

夜の会合で久しぶり、タレントのゾマホン君と会った。彼は大変喜んでくれた。私のことをよく覚えてくれた。私もとても懐かしく思った。彼は今でも売れっ子で頑張っており、YouTubeなどでも有名らしい。

「私のような黒人は日本の人々が大事にしてくれるので本当に幸せです。何処に行っても、最近はアメリカに行ってきたが、何処の国でも厳しく扱われる。日本の皆さん本当に有難うございます。」と彼はスピーチで言いました。酒席でもあったが、胸にじんと来るものを感じた。

彼はアフリカのベナン国から当時、大使として来日した。今も日本‐ベナンの友好に活躍している。日本でもタレントとして大いに人気者となった。三年後の大統領選挙に出たいというので、私は日本からたくさん応援団を連れて行くから頑張れと密かに

激励しておいた。

七月十四日（金）

都会の中の森林地帯

私は東京では娘の家（世田谷区）に住んでいますが、住宅街の一角に一万坪ほどの広さ、こんもり茂った森林が残されています。『五郎様の森』と称され、昔の豪族の敷地跡で、地元の人々にとっては誇りの名勝地。

私も都会のど真ん中でこんな森林をそばで見られることは幸せな限り。今までよくもここまで残してくれた関係者に感謝しています。園の中にはカブトムシを飼育する小屋もあり、子どもたちが研究にも来るという。

いつもながら、東京の豊かさを感じます。

七月十六日（日）

安倍元総理銅像披露、台湾で

台湾各地で安倍晋三元総理を偲びその業績を顕彰する行事が行われた。元総理夫人安倍昭恵さんが出席された。台南市で銅像披露式典、記録写真展、高雄市で晩餐会、音楽会、台北市で音楽晩餐会等々が行われ、昭恵夫人を遇する台湾の人々の気持ちは国を超えて真摯なものがある。私からも心から感謝したい。

昭恵夫人はそれぞれの場で心の籠った挨拶をされた。行事開催への感謝、総理が如何に台湾の平和と繁栄を望

んでいたか、そのために日本が国挙げて台湾のために努力することを決意していたか、東日本大震災では台湾が、いの一番に援助に来てくれたことを感謝された。

応えて民進党頼清徳副総裁（次期総統選候補者）は、安倍総理はコロナ禍の中で日本人の貴重なワクチンを贈ってくれたこと、マンゴーやパイナップルを台湾から大量に買い上げて台湾農民を救ってくれたことなどを切々と語った。

音楽会は二カ所で行われた。「大山桂司」という若い日本人で、全盲の歌手がトリを歌ってくれた。安倍元総理の福祉活動で世話になったこと、感謝の思いを伝えるために母の付き添いで日本からやって来た。「花が咲く」では元総理のピアノ伴奏で歌ったこともあるという。

大山君は柔道有段者で片方の耳が耳ダコで潰れていた。私の耳ダコとお互い摘み合いながら友情を確かめた。

私は地元のテレビ取材に対して「安倍元総理は「台湾有事は日本有事」と断言したが、元総理は、日本はアメリカ、インド、オーストラリアと共に守りきる（インド太平洋連合）ということを日本国民に遺していった」と発言しておいた。

私は日本台湾友好団体『昭和天皇記念桜里帰り協会』会長の立場で出席した。丁度一〇〇年前、一九二三年、昭和天皇は皇太子時代に台湾を訪問され、各地で歓迎された。行く先々で日本の桜の苗を記念植樹されたが今やそれぞれが立派に咲き誇っている。この度日本台湾の友好関係を確認するために両国で財団を立ちあげ、これら台湾桜の日本への里帰りを目指すことになった。初代の加瀬英明先生の死去で私がその跡を継ぐことになった。

七月二十二日（土）

カンボジアでの「選挙監視団」に

台湾での仕事を終えて、そのままカンボジアの首都プノンペンに行った。カンボジアでは五年に一

度の国政選挙が行われていた。国連とカンボジア政府との要請でその選挙への「国際監視団」が組まれており、その日本代表団の一人として私も参加した。選挙の国際監視団とは、発展途上国の国政選挙が公正に実施されていることを担保（確認）するための国際的活動であり、民主主義制度の中心である選挙手続きを公開するもので、当事国の民主化の度合いを測ることにもなる。

カンボジア王国は、歴史的には西欧列強が入り乱れて植民地化したものを、太平洋戦争中日本軍が解放したうえで、最後はフランスの統治からの独立を正式に果たした（一九五三年）。複雑な国際情勢、地域紛争を乗り越えて今日を迎えている。現在は王制下の民主政治の形を維持しているが四十年を超えるフンセン首相の強い統率力の元で、安定した発展を続けているとされている。

選挙監視団の全体総会とカンボジア政府の情勢報告会が二日に亘って行われ、各国間の交流も活発に行われた。

政府主催の情勢報告の中で、フンセン首相自身が一時間に亘って国の歴史、将来を演説した。世襲の形で統治を続ける強い信念に違和感を感じ、発展途上国が地域紛争の中で政治の安定と民主化を進めていくにはひとつの選択肢であるかもしれない。

選挙の最終日、七月二十三日（日）が投票日で、私たちに投票場が公開された。朝七時前の投票所準備風景、

午後から二か所実際の投票風景を観察することが出来た。いずれも学校か、公民館が使われている。

選挙の投票風景は、わが国の厳しい選挙風景と比較できないが、それでも関係者の真剣さは十分に評価できる。アルミづくりの投票箱は全て

日本からの援助（贈与）によるもので、その旨明示されていることには密かな誇りを感じた。

受付での有権者（投票権者）の確認には、きちんとした登録証が用意されているがその登録証には一人ずつの顔写真が掲載されている。日本では個人情報として許されていないが、ここではそこまで徹底されている。さらに、投票を終えた人は全て、右手人差し指に特殊赤色インクを付着される。インクボトルに指を入れて、ほぼ第一関節をインクに濡らす、この赤インクは数日消えず、違法なダブル投票を防ぐと共に、付いていない人には投票を促す効果を目指している。結果、平均投票率は八〇％を超えるという。

厳しい我が国の選挙制度、投票手続きに比べれば、多少ののんびり感は否定できないが、しかしこの若い国が懸命に発展し、先進国になろうとする意気込みこそ今回得た大きな学びであった。

（このホテルにて昨年十一月、第二十五回日本アセアン首脳会議が行われた）

七月二十五日（火）

カンボジアでのＮＨＫ放送

カンボジアでの長いホテル生活ではやはり日本のＮＨＫ国際放送が楽しみです。英語で字幕は日本語ですが心が休まります。大相撲の千秋楽、豊昇龍優

勝の表彰式も見ました。その直後は、例の東電福島原発の処理水問題が取り上げられる。遠くにいればいるほど、祖国日本が愛しく思われます。

七月二十五日（火）

乳母車《うばぐるま》と電車内。遠い思い出

私は東京では大方電車通勤です。朝夕混み合う時は、かなり体力が必要です。電車には時折り子どもの乳母車が乗ってくる。乗客は皆、優しく見守っている。

思い出すことがある。私がまだ子育ての若い頃、どの子だかを連れて遠出した。田舎の地方駅で、乳母車で電車に乗った。電車が走り出した時、いきなり車掌がやって来て乳母車を畳んでくれと言う。私が「こんなに空いているのに、何が困るんだ。」と反発したところ、規則ですから、と、車掌は譲らない。一緒にいた妻は私を制しようとしたが、私は諦めない。しばらく言い合いとなった。結末がどうなったか記憶はない。

電車の中の乳母車、いつも私は幸せに感じる。心が温かくなる。懸命に守るお母さんたち。何も手伝い出来ないが、せめて、電車の中くらいは、ゆっくりしてくれればいい。お客さんも、子どもを見て皆微笑んでいる。

七月二十六日（水）

きのここそ地球を救う！
岐阜県のきのこ生産センター

岐阜県中央部の山奥に位置するきのこ生産センター「株式会社HARUKA INTERNATIONAL」（ハルカ社）を訪問して、多くのことを学び、多くの人々と巡り合った。きのこを生産し産業化することについては、国のこれからの農業政策、経済戦略等々多くの活用分野があり、それをこのハルカ社が三十年に亘って苦労と努力を捧げてきた。きのこ類という単なる食用の一素材が、実は医療、食材、環境、過疎、雇用対策さらに国際戦略物資にもなり得るという実証の現場をじっくり目の当たりにした。会長の「井上九州男」氏ほか役員の皆様の経営哲学と強烈な情熱に胸打たれた一日でもあった。

私は今、縁あって千葉県鴨川市の町づくりプロジェクトに深く関っている。鴨川市は「鴨川シーワールド」で有名だが、合わせて「亀田病院」という総合病院システムの本部を持ちながら、さらなる都市基盤づくりに余念がない。その都市づくりのテーマのひとつに岐阜県ハルカ社の「きのこプロジェクト」が導入できないかと検討を進めている。私は今回多くの関係者と共に、両地域の仲立ちの一環として岐阜県ハルカ社を訪れたもの。**七月二十九日(土)**

日本に漢字を伝えた「王仁《にわ》博士」と「松本茂幸」神埼市長

佐賀県神埼市の前市長「松本茂幸」氏の叙勲祝賀会が盛大に佐賀市で行われた。私は隣接の佐賀県にも多くの友人を持ち、松本氏は特に親しい友人であ

る。

松本氏は二十年以上前から、韓国の「王仁博士」が神埼市に伝来したとされる漢字の原典「千字文」を遺跡として記念する公園建設を目指していた。松本氏は二〇一八年（平成三十年）に見事完成させた。彼の長い苦闘の政治過程で私も些か手伝うことがあったが、そのことを誇りにしている。

千字文とは中国・唐の「書聖」と謳われた「王羲之《おうぎし》」の書いたとされる漢字の原典で、それを韓国・百済の王仁博士が日本に届けた。日本への漢字と「論語」（儒教）が伝わった初めとされている。このことで神埼市と韓国の霊岩郡は姉妹都市となり、今や日韓友好の象徴足り得る存在となっている。

千字文公園は神埼市内、壮大な広さと会館を備え、原典と同じ千字を、往時の安倍晋三総理、麻生太郎副総理から始まる千人が墨書きして銘板に埋められている。（五、六十番目には私の自書もある）

叙勲祝賀会には、佐賀市長「坂井英隆《ひでたか》」氏とも同席した。坂井氏は、私の代議士同期、坂井隆憲《たかのり》氏の子息である。隆憲氏は故あって非常に不遇な晩年を送った。そして私に「息子を頼む」と言い遺して死んだ。その息子は一昨年の佐賀市長選で当選し、今や堂々たる職務にある。四十三歳の若き市長を目の当たりにしながら、私は、はるか昔、坂井君と自分、互いに若かった代議士時代を思い出していた。

八月一日（火）

元筑紫野市長藤田陽三氏死去

元筑紫野市長藤田陽三氏が亡くなった。葬儀には、巨星落つ、の思いで多くの人が参列し、私も急遽東京から駆けつけて長年の同志を見送った。藤田氏は市議、県議、県議長、市長三期として自民党の地方政治一本を貫いた。圧倒的に名も馳せたが、遂げた業績も偉大なものがあった。

地元二日市の真ん中を流れる鷺田川は必ず氾濫を起こす暴れ川であったが、防災対策「大深度パイプ方式」は県、国（国土交通省）を巻き込む大事業で、掛かる財政費用も含めて藤田氏の人脈、政治力抜きには成し得なかった。さらに新庁舎の建設は筑紫野市民永年の課題であったが、藤田氏の集大成とも成った。

私は地元出身の国会議員として藤田氏に如何に世話になったか。彼の協力や指導に頼ることの多い政治生活であった。

政治家、議員というものは、実際には非常に複雑に微妙な相互関係にある。同じ政党、政治の流れの中でも、いやむしろその中だからこそ、えもいわれぬ利害関係の衝突と調整がある。私も、藤田氏も常に協力関係を維持しながら、しかし最後は、今年一月、筑紫野市長選挙で袂《たもと》を別った。政治家とは、世の中、社会のために全力を尽くす、しかし最後は自分のため、応援者のため、選挙にだけは勝たなければという悲しい性《さが》を持つ。政治家は選挙の結果には愚痴はこぼさない、それは全て自分の分であり、それが天の決めた采配だからである。

八月五日（土）

楽しや、ボーリング

地元のグループから声が掛かり、久しぶり、ボーリング場に出かけた。自分はやらず、専ら見学、冷やかし役ではあったが、大変楽しかった。ボーリングが健全スポーツとして再び盛り上がってきたことを嬉しく思った。折角なので、ボーリングに因んで二件ほど書きたいと思う。

その一、昭和四十五年は私が通産省に勤め始めた頃、東京でもボーリング熱は凄いものがあった。中々簡単には場所が取れない。通産省の職場でボーリング大会を計画した時などその日の午後二時か三時ごろ、われわれ若手の職員が課長の了解を得て早退、近くのボーリン

グ場に行って予約確認、座り込んで場所を確保した。それほどボーリング熱は凄かった。

その二、私の実力は普段九〇点くらいで、常に一〇〇点以下、人並みであった。ところがある時一度だけ、一九八点という信じられない高得点を取った。ほぼ二〇〇点とはプロ級のレベルで、私は今でも不思議でならないが、本当にその時だけは右腕に神様が取りついた、「神懸かり」という状態であった。全てストライクかスペア、疑われないように今も紙の証拠を保管しているのだが、それ以来私は神様が取り付く「神懸かり」の瞬間は誰にもあり得るのかも知れない、と思うようになった、真剣に、真面目にさえしていれば……。

八月七日（月）

麻生副総裁、訪台『戦う覚悟』発言

自民党の麻生太郎副総裁が台湾を訪問した。中国の武力侵攻「台湾有事」を踏まえて、日本はすでに『戦う覚悟』にあると発言した。中国共産党の台湾武力侵攻への野望を抑止するための日本の覚悟、決意を示したもので、表現は激しいが決して戦争に直接結びつくものではない。日本が軍事、外交、経済、行政、国民いずれも準備が出来ている、受けて立つと言う事で、最後は習近平氏の無益な台湾侵攻を止めさせるという意味が込められている。場所が台湾、発言者があの麻生氏と条件が揃っているので、内外に大きな刺激を与えた、中国にもそれなりの影響を与えている。

麻生氏の政治勘が発揮され大いに評価すべきものであるが、大事なことは日本人がどうその中身を実践していくか。私も「台湾有事」を念頭の一番において国際情勢を判断しており、今後とも麻生氏と緊密に連携を図り

ながら、対処していくつもりである。

台湾有事に、私は最後にいつも言う、日米印豪と韓国を加えた五か国がどっしり構えることが大切である。言うべきことは直接に言う、中国の経済状況が、不動産恐慌、二〇%を超える失業率など決して良くないなど、西側が中国問題を深刻に考え過ぎないことも必要である。

八月十日（木）

パレンバン奇襲と大東亜戦争

パレンバンとは今のインドネシア、スマトラ島に位置し、石油基地で大きな貿易港でもあった。往時は連合国のオランダが占領していた。アメリカを中心とする連合国から激しい経済制裁を受けていた日本は特に石油禁輸に対抗するため、このパレンバンを急襲するという軍事作戦、「陸軍落下傘部隊」で攻略した。昭和十五年末より本格準備が始まり、昭和十六年（一九四一年）十二月の開戦に勢いを与え、ほぼ一九四五年終戦の間際まで活動した。この戦略は全体として成果を収め、世界戦争史上でも「落下傘部隊」という極めて難しい戦術が成功した稀有な例として記録されている。

パレンバン攻略を有利に務めたことで、日本の国民生活に十分の石油資源を供給し、また軍事的には日本が連合国軍と平和交渉に臨む最後まで継戦能力を維持することとなった。大東亜戦争はかくして日本の敗戦で終わったが、日本は天皇制と国体を護持し、合わせてアジア、アフリカ諸国の植民地を欧米帝国主義から独立解放するという大きな成果をもたらした。（以上は、日本会議福岡において、パレンバン落下傘部隊を実際に主導した「奥本實」陸軍中尉の実息「奥本康大」氏の講演によったもの）

第二次世界大戦の歴史的評価は、国家的にも、国

際的にも区々あるが、戦争は日本の安全保障、自存自衛から発したものであって、東京裁判、自虐史観、靖国問題などでは余りにも間違った歴史評価が多く、今後とも日本人として誇りの持てる正しい学習を進めなければならない。

八月十三日（日）

アパホテル元谷外志雄会長「業界一位になれ」

『業界一位になれ。金の融資も向こう（銀行）から「借りてくれ」と争って来るので、（入札させて）一番安く借りられる。最高の条件で経営するので、儲けも日本一になる。まず業界の一位になれ。』

これはアパホテルの会長元谷外志雄氏の言明である。元谷氏はいつも言う、「五十一年間、一度も赤字を出していない、税金は一円も逃げていない、従業員は一人の解雇もしていない。」

アパホテルグループは内外で高層ホテルを七五〇以上、十万室以上を有し、ほぼ毎月二、三個のホテルを増設する、間違いなく日本一、多分世界一のホテル王である。凄まじいばかりの積極性と緻密さを持って経営に当たる、「決して細部を人に任せない」とも言う……。

今、八月のアパホテル勉強会（「勝兵塾」＝戦争は勝ってから語れ）で、改めて学んだ。私は長くその塾生として、恐ろしいばかりの元谷氏の経営哲学に直接接している。とりわけ自分の落ち込んだ時は強い精神力、復元力を貫って来た。低迷する現在の日本経済にとってもこの元谷哲学こそが解決策となる。（写真右元谷氏。左はパラオ共和国大使。元谷氏の交流は世界中に拡がる）

八月十九日（土）

福島原発、処理水「放流」開始

八月二十四日、遂に福島原発処理水の「放流」が始まった。安全安心への地道な努力、とりわけ被害者たる福島県漁業者の「風評被害」との闘い、韓国を含む近隣諸国の理解等々困難が続いた。「風評被害」には、ひたすら安全性への科学的説明と、今後の監視態勢（モニタリング）、さらには政府が保障（補償）するとする最終責任の明確化で「安心」を勝ち得るしか方法は無い。その過程でＩＡＥＡ（国際原子力機関）が現場検証で正しく評価、正式の承認を出したこと、当初から最も批判的であった韓国が国内の批判勢力を抑えて放流了解の態度を取ったことなどが大きかった。

この期に至って中国が敢えて反対の立場をとり、遂に本日には日本水産物全品目の輸入規制措置を採ってきた。日本は中国の政治的、外交的、不合理の措置にはＩＡＥＡなどの科学的根拠を示しつつ、現

在の方針を毅然と進めれば良い、軽挙して中国の脅しに妄動などしてはならない。

今日、私は新聞の取材（産経新聞、二十五日朝刊）、テレビ出演（テレビ朝日系Abemaテレビ）など久しぶり「時の人」状態になった。

私が「放流」発言したのが二〇一九年（令和元年）九月十日であって、今日まで実に四年かかった。政府関係者、福島漁業者を中心とした多くの関係者の努力とご苦労には心から感謝を捧げたい。

私は、この一連の動きが、遠い将来、わが国にとって良い歴史として刻まれることを密かに望んでいます。

八月二十四日（木）

食料全面輸入禁止 中国にどう対応するか

東電の福島原発処理水の海洋放出は整然と進行している。政府、東電は約束した監視（モニタリング）と風評対策を黙々と続けている。漁民の皆さんもいずれは精神的にも落ち着くことを祈っています。

決して許せないのが中国の理不尽な態度。日本の水産物の全面輸入禁止を決めた上で、在留日本人、日本人学校への意地悪、中国から福島県民への嫌がらせの迷惑電話……。何と言う不道徳、恥ずかしい行為か。日本政府の説明とIAEA（国際原子力機関）の科学データなどを、中国は真面目に聞こうともしない。

中国は中々難しい国である。政治は厳格な共産党、一党独裁、民主主義から程遠い。経済は自由主義を取り入れつつ、実態は中央集権的で、今やアメリカに次ぐ、日本を遥かに凌ぐに成長した。政治、軍事大国として国際社会では大をなすが、領土拡大志向のため周辺諸国に脅威をもたらしている。国際主義、人権主義という西欧的近代思想には敢えて与せず、多分共産主義イデオロギー由来の強権主義、全体主義にことさら拘っている。

今回の中国の措置、日本の海産物輸入規制は、余りにも理屈や合理性を超えた判断で、国際社会はまるで、受け入れない。同情する国も無いし、内心あざ笑っている。当事者の日本も打つ手が無い。

然し相手は中国である、余り楽観視、事態を舐めてもいけない、この難しい中国にどう対応するか、どう納得させるか。不遜な上にプライド、面子《めんつ》に拘る性癖を持つ。振り上げた拳をどう降ろさせるか、意外に難しい。中国の輸入禁止措置は日本にとって、非常に大きな打撃であり、一日も早く解決しなければならない。日本は正論を以て粘り強く説明する、周辺諸国の応援も期待する、面子を壊さないような高度の外交技術を駆使する。

実は、この禁止措置は中国経済、中国人社会にも負けずに大きな打撃となっていることを知っておくことが必要である。

八月二十八日（月）

ＢＲＴが故郷を結ぶ
福岡県の「日田彦山線」

ＢＲＴ＝Bus Rabbit Transit.（バス利用高速交通システム）という路線が福岡県の日田彦山線に走り始めた。元鉄道の跡をバス専用道路に使うので、一般道路より遥かに安全で速く走れる。全国、廃線が続くＪＲ線の過疎地において、地域興しの決め手としてこの手法が多く使われている。

二〇一七年七月、福岡県は豪雨に襲われ大災害を受けた。選挙区の東峰村宝珠山駅と日田彦山線は大破して復旧不能と指定された。後処理をどうするか、大議論の末、ＢＴＲ方式を採用することとなった。

宝珠山地区は私の大事な選挙区であった。日田彦山線の相手先は田川郡添田町、実は私の更に古い故郷で、小学校、中学校に通っていた。いわば私は添

田町で子ども時代を育ち、長じては、山を挟んだ東峰村宝珠山地区で選挙を戦っていた。

二つの愛する故郷を真っ二つに割ったあの豪雨。私は当然懸命に復興活動に取り組んだ。国の「激甚災害指定」にも全力を尽くした。地元では「元の通り鉄道を作ってくれ」と何度にもJR九州社と折衝で食いさがった。遂に鉄道は止めて、BTRで代替すると決められた。「結局、『原田道路』ではないか」と影の声が聞こえてきたが、私は胸を張って、この日田彦山線こそ地域社会にとっての生命線であると断言していた。

あの大豪雨も遠く六年前のこととなる。

八月二十九日（火）

イラン大使の来訪
この難しいが大事な国よ

東京事務所にイラン大使の来訪を受けた。ペイマン・セアダット大使。私は国際弁護士としてイラン

とも関わりを持つが、現職の大使来訪となると多少の緊張はやむを得ない。

イランは、言うまでもない、名だたる石油産出国で過去にも、また将来に亘って、わが国にとって非常に重要な国である。私は若い時、経済産業省の官僚時代から、石油危機を乗り越えて、最も大切な産油国と憧れてきた。

そして今、この国は国際的に大変微妙な位置にある。その原子力政策でアメリカと激しく対立する。アメリカはそのこと故え、西側諸国を纏めて厳しい経済制裁を課している。もちろんわが国はアメリカには先頭争って歩調を合わせる。悪いことにイランは、ウクライナ戦争ではロシアの数少ない味方、ロシアへの武器供与はいくら隠しても隠しようが無い。アメリカの睨みは決して甘くない。国外取り引きでドルが動けば直ちにアメリカに見つかる。

私の事務所にひと月前には、イランからたくさんの経済人が頼って来た。私は精一杯世話をした。外務省や経産省、官僚たちは会ってはくれたが気もそぞろ、民間企業もぎこちない、皆んな交流関係がアメリカに気付かれることを気にしていた。

私は大使に断言した。わが国は昔から貴国を尊敬し、頼りにしている、私は民間で自由人だ、私に何でも言ってくれ。皇室を抱くわが国とペルシャ帝国はともに何千年の歴史を共有する、その辺の半端な国々とはわけが違う、ともに頑張ろう。かくして大使と私はハグして別れた、次は人を集めて飯でも食おうと。

八月三十一日（木）

「オリンピック感謝状」の栄誉に浴する東峰村にて

福岡県の「東峰村」から私は特別の感謝状を授与された。人口三千人の東峰村は私の大切な選挙区で、自然災害の多いこと、前日にはJR日田彦山線のBRTスタートで有名になったばかり。「ほうしゅ楽舎」という村営の宿泊施設が出来上がりその落成式典において、私は表彰された。

少し過去に遡る。二〇二〇年八月に「東京オリンピック、パラリンピック」が行われた。その二年前（二〇一八年）に国が全国に向けて「オリンピック村」の建設に当てるとして地方産木材の募集を呼びかけた。私は早速、村長や人々に呼び掛けて東峰村、宝珠山の木材供出を提案した。全国では三十地点、福岡県からは東峰村だけが採用された。多くの関係者が負担に甘んじてくれた。

実はその前年二〇一七年七月、地域は未曾有の豪雨に見舞われて一帯の山々、森林は深刻な被害を受けていた。そして復興の緒に着いたばかり。オリンピックへの参加は地元の人々への励ましにもなるのではないか。

多くの材木が東京まで運ばれた。東峰村材木も「オリンピック村」では栄えある役割を果たした。そしてオリンピックが終わった後、それぞれの材木が全国発出地に「記念材」として返還された。これらの記念材は今、東峰村の「ほうしゅ楽舎」を含む幾つかの公共施設の中心に使われている。

九月二日（土）

福祉の子供たちに
お腹いっぱいのご馳走を

擁護施設の子どもたち二百人に思い切りご馳走を食べさせようというイベントが宗像市で行われた。コロナ期間を過ぎて四年振り、今年は二十九回目という、主催は県内の食堂、食産業の親父さん達の集まり「博多食文化の会」（吉田安政会長）。私も長い間、準会員として参加している。

今年はウクライナからの避難民も招待されて、会場の雰囲気はすっかり国際色。最後には声を揃えて、「ウクライナ、頑張れ！」と皆んなで、大合唱。

養護施設の子どもたちは、ほぼ生まれ落ちてから親の顔を知らないが、高校卒業までは施設で育てられる。国の福祉政策に加えて地域社会の支援こそが必要とされる。

九月四日（月）

韓国出張と「処理水」問題

九月五日、韓国釜山を訪れた。新「日韓未来フォーラム」という民間の友好団体が発足したので私が日本側の代表として出席した。尹《ユン》政権が発足し政府ベースの日韓交流が劇的に変化した。福岡地区と釜山地区は民間交流としても釣り合いが取れ、協働活動を進めることで相互に大きな経済的メリットが期待できる。

今回の原子力処理水問題では、尹政権の理解こそ大きかった。本来韓国が日本への最大の反対勢力であったが、尹大統領は、日本への専門家派遣を行い原発現場の調査、モニタリング（監視）を推し進め、積極的に国内世論の説得を続けた。ＩＡＥＡ（国際

原子力機関）と合わせて韓国政府の安全性確認こそ、日本政府の処理水放出の決め手となった。

韓国では今現在、反対野党の党首たる政治家が、日本政府に処理水放出をやめさせよと断食ストライキにあるという。来年の大統領選挙を目指した政治活動であって、処理水の話題は却って尹氏らに迷惑を掛けると懸念して、私は話題にするのを敢えて避けた。

私は総会にて演説し、日韓両国が今後「インド・太平洋連合」で絆を強化することで、中国の台湾有事、覇権主義的活動を有効に阻止できると強調しておいた。

九月十二日（火）

昭和天皇台湾桜里帰りの会

昭和天皇が皇太子の時代、一九二三年（大正十二年）四月、台湾を行啓されて、実に台湾六十か所において日本の桜の苗をお手植えされた。百年経った今、日本と台湾の友好関係を確認、推進するために、日台両国の有志たちが日本各地にその桜木の里帰りを目指そうとの運動が高まってきた。

九月七日にはその新規発足会が「上野精養軒」にて行われた。外交評論家「加瀬英明」先生の呼びかけに始まり、先生御他界後には私が会長として運営することになった。すでに靖国神社、皇居前広場等に記念植樹を済ませているが、全国各地にその輪を広げていくことを会の目標としており、各地区の皆様にその趣旨に沿ったご協力を心よりお願い申し上げます。

九月十三日（水）

「処理水」日本がんばれ！世界各国から

「処理水」の海洋放出から三週間、お陰で事故なく、進んでいます。国、東電の定期的モニター報告を、とりわけ私は注意しながら毎日を過ごしています。一方で世界各国が日本に支援の行動をとってくれており、何よりの励みになっています。

中国の「海産物輸入禁止措置」は日本にとって甚大な被害となった。あの国のやること、如何に不合理で、非科学的で、国際倫理に外れていようとも、いつものことと、堂々と受けて立つ。ここから先は、ＷＴＯ（世界貿易機構）に正面から訴えて国際社会の良識でクロシロ判断してもらおう。

北海道の高級ホタテは、大部分を中国が輸入していたので輸入禁止措置は大打撃であった。国はその売り先開発に懸命である。ところで日本のアメリカ大使館が世界の同僚大使館に積極的に取り上げるよう働きかけるという。今日までの日本人の動き、外交のあり方、私たちの付き合い方が、今こそ日本に同情と友情と連帯感を呼び寄せている。「まさかの友は真の友」の格言が身に沁みて想い出される。

今中国の側も大いに困っているという。上質な日本の海産物が入って来なくなり、国民も、ビジネスも困っている。政治家だって、自分らの行動が如何に場違いなものか分かっている。さあ、どうすれば面子《めんつ》を潰さずに振り上げた拳を下ろせるか。日本の外交技術にも関わってくる。

九月十七日（日）

福島県訪問、人々は

久しぶり福島県を訪問しました。処理水の放流開始後、地元の人々は如何ばかりと気になっていました。食堂に飛び込んで昼食にはちらし寿司を頼んだ。非常に美味しく頂いたうえで、オヤジさ

んに尋ねたら、特に悪い影響は感じませんね、という。

広大な水産市場は既に昼の休み、特に異常は見られない。街中に出ると大きなスーパーに入った。生ものコーナーに行き、海産物を見たが売り上げはまあまあの様子。家族向けの魚を土産に求めて退出した。

福島県庁では短時間内堀知事と会い、互いを労い旧交を温めた。

福島の人々は、処理水放流にはしっかりと対応されているのが個人的印象であるが、これからも引き続き安全であればいいと強く願っています。

九月二十日（水）

福島県訪問（その二）韓国女性との出会い

福島市内でチョン・ヒョンスクという韓国人女性と会った。チョンさんは福島で障害者向け福祉施設

を運営している。早稲田大学を出て、福島には結婚などで二〇〇〇年くらいから住んでいる。文学、言語学を専攻し学者、研究者としても本格的であるが、韓国人としての誇りと日本文化、日本社会への尊敬を合わせ持って日韓両国の民間交流を進めようとする。青少年交流にも活発で、ある時は二百人近くの若者を韓国から呼び寄せて日本文化を学ばせようとしたこともある。

そしてあの二〇一一年三月の津波、原発事故が起こった。チョンさんは韓国人から見れば、福島県民と同じく放射能に汚染されたと見られた。韓国に戻っていくら説明しても受け入れられない、ある時、韓国で偉い日本人が講演したのを通訳したチョンさんは、地元の人々の余りの罵声と抗議に講演会は中断を余儀なくされた。

東京電力福島原発の「処理水」問題について、私(原田)が放流発言したのが二〇一九年九月、韓国が最大の原発批判、日本批判を展開した。それから四年、二〇二三年八月、漸くにして、韓国は尹《ユン》大統領の登場、政権交代もあって、日本と福島の現状を落ち着いて聞いてもらえるようになった。今回の処理水海洋放流には韓国政府の理解支援こそが決定的動機でもあった。

チョンさんは最も激動の福島にいて、日本と韓国の複雑な関わり、人と人、国と国の関係から決して逃げることなく、大きな歴史の流れ、交流の尊さにただ黙々と身を委ねてきた。

私はチョンさんのことを何かの報道で知ることとなった。いつしか私は福島の原子力災害をともに戦った「戦友」のような感情を持つようになっていた。探し探して電話番号にも辿り着いた。一度福島を訪ねた時にはゆっくりお話ししましょう、という半年も前の古い約束を私は今回果たすことができた。実際のチョン・ヒョンスクさんは、激することもなく、この過去に起こったことにただ淡々と相槌を打つだけであった。

九月二十一日(木)

「竹田恒泰ラジオ番組」に

「処理水」問題で、竹田恒泰さんのラジオ番組「ニホンのナカミ」に出ました。竹田さんは全国で有名なディスクジョッキーですが、日頃なかなか歯切れのいいタレントで私も大ファンです。

あの「海洋放出」発言した二〇一九（平成元）年九月、実はその直後に呼ばれて同じ番組に出演していたこと、私はすっかり忘れていたのですが、同じスタジオに立つと確かに思い出しました。竹田さんの話しかけの中に、私へのほめ言葉とこの間の労いが十分込められていて、素朴に嬉しく感じられたものです。「処理水問題」と「日本のエネルギー政策」という二週分の番組を収録しました。ラジオ番組の裏側の大変さを垣間見たものです。

九月二十三日（土）

北海道の歴史を糺《ただ》す「北海道は常に日本」

日本人にとって、北海道は誰もが憧れる、美しい土地である。最北の雪国であるが、超最近では半導体企業（ラピダス社）の進出で国全体の経済を引っ張ることにもなった。個人的には、私も北海道を故郷のひとつに数えられることは大きな誇りでもあります。

その北海道にももちろん歴史があって、単純に今があるわけでない。日本にとって最も新しい新天地と言われるだけに、近代になって初めて開拓された、明治、江戸時代までは未だ未開の地、あえて言えば、アイヌ民族という先住民の土地だった、「蝦《え》夷《ぞ》」と呼ばれ、江戸時代以降に日本人（和人）が侵入して開拓した、アイヌを侵奪して日本に組み入れていった。

世界史に「帝国主義」といわれる時代、多くの西欧先進国がアジア、アフリカに進出して、領土拡

張、植民地支配を展開した。アメリカもカナダもメキシコも、インドもアフリカ諸国も。先住民への略奪と侵奪。蝦夷にも同じことが行われ、それまではアイヌ民族、江戸時代以降に日本領になった、これを「アイヌ史観」として、今も北海道史の底流をなしている。

いや、江戸時代も決して江戸幕府は、最北の蝦夷と無関係ではなかった。懸命に蝦夷地を管理し、松前に藩を置き、東北六藩（津軽、仙台、秋田、庄内など）はそれぞれ分担し、外国から蝦夷地を守り、開発し、アイヌを守り、啓蒙していった。これらの厳粛な事実は三十か所を超す多くの遺跡や文献で徹底的に実証された。アイヌに疫病が流行った時の松前藩の努力、アイヌの集落で和人の訪問団が暴行死させられたこと……。蝦夷地は、縄文弥生の時代から、紛れなく日本国にあり、日本人であった。

「中村恵子」さんは、主婦であり環境専門家でありながら、ほぼ独学でこの本を書き上げた。ただひたすら故郷北海道とそこに住む自分たち北海道民は、常に日本の国にあり誇りある日本人であったという執念が中村さんを突き動かした。

中村さんは、二年前、本書を以て「アパホテル」主催「近現代史懸賞論文」で「優秀賞」を受賞された。中村さんの上京の機会に、直接お話を伺いました。

九月二十四日（日）

処理水放流、一か月過ぎる

東京電力福島原発の処理水の放流から一か月が過ぎた。多くの国民の関心と懸念を踏まえながら放流は順調に行われている。厳しい科学的検査とモニタリング、それを正確に公表することで、十分な信頼は得られていると

思う。

国際的な影響も大きく、とりわけ中国の海産物輸入禁止には驚いた。あの国のことだ、想定内ではあったが、いざとなると私も本気になる、解決するためには何でもする。とりあえず中国、韓国についての地元紙記事を読んでみる。中国では、日本の海産物の輸入禁止で、関連企業や国民が大いに困っているとの記事も。

九月二十五日（月）

「処理水」で高市早苗大臣、頑張る 国際原子力委員会（IAEA）

IAEA総会において、「処理水」問題で日本と中国が激しく応酬した。

中国が相変わらず非科学的な主張を続けるに当たって、日本代表「高市早苗氏」（経済安全保障担当大臣）が中国の非常識と非科学性を突き、中国のみが日本海産物を不合理に輸入禁止していると、堂々日本の論陣を張った。

国際議論では臆せず直截的表現こそが特に有効である。

九月二十六日（火）

処理水、各国から理解 中国のみ批判（読売新聞十月一日）

梟雄たち 中国に接近
処理水 各国から理解
安定した成長 民需主導で

IAEA（国際原子力機関）総会が終わり、処理水問題がメーンテーマとなったが、日本の真摯な説明とIAEAの補足説明と合わせて圧倒的多くの国々が納得を示した。明示的に非難したのは中国だけで、頼みとするロシアも沈黙を守り、中国の孤立感を印象づけた。

日本は将来に向けても、放水と海域の検査、モニタリングを厳しく行い、それを精確に公表、公開していくことで各国の信頼を維持していかなければならない。

十月二日（月）

プロ将棋の厳しさ

福岡市で将棋「古賀悠聖五段」の昇級祝いがあり、私は県将棋連盟会長の立場で祝辞を述べました。

かの藤井聡太八冠のような奇跡的才能はどこから生まれてくるのか分かりませんが、プロの道はいずれも大変な厳しさで、私たちも地元出身者をしっかり育てなければなりません。

セレモニーの後には、プロと一般会員との指導将棋が行われました。

十月二日（月）

フィリピン大使館を訪問

人を連れて都内のフィリピン共和国大使館を訪問して、大使らと懇談しました。なかなかシャープな女性大使で、案件も多岐に及び、経済援助、貿易、防衛問題などで多く協力できること、日本には海洋調査のサルベージ船技術が進んでいることなど意見交換しました。

福島「処理水」問題についてもその配慮に対し感謝を伝えたところ、よく頑張りましたねと逆に激励まで頂いた。

言うまでもない、日本にとってＡＳＥＡＮ諸国、とりわけフィリピンは特に大事な国であって、今年二月だかマルコス大統領が来られた時には私も招待されて挨拶をすることがあった。

身分は民間人になっても、私にはまだまだ多くの外交的仕事が残されています。

十月五日（木）

「処理水」国際的評価

「NG記者リスト」作成 謝罪
処理水「生態系影響与えず」
ノーベル賞
文学賞 ヨン・フォッセ氏

「処理水」について英国、オーストラリアの専門科学者が、海中の生物にも何らの悪い影響は出さないことを発表した。概ね安心はしているものの、わざわざこういう報道をしてくれる西欧諸国には、涙の出るほど感謝している。積み上がる日本の情報が益々の信頼を産み、さらに伝播する。

「まさかの友が真の友」。日本との本当の友情が現れる。

十月六日（金）

山田高校の同窓会
自分の原点こそ此処にあった

福岡県立「山田高校」の同窓会に出席した。私はその卒業生ではないが、私は山田高校が存在した山田市（町）で生まれ、そこの「下山田小学校」に入学した。僅か二年で転出したが、それでも生涯転居しまくった私にとって山田市は、文字通り生まれ故郷である。

山田高校は地元の高校として伝統を築いたが、折から栄えた石炭産業の衰退とともに、人口も減り、市も改変して「嘉麻市」と変わり、遂には高校も閉鎖した。二十年が経つ。

今日は、その同窓会に誘ってくれる人がい

て出席した。コロナ明けも手伝って、会合は望郷の熱気に包まれていた。「学舎は、今は無いけれど心の結びつきは永遠だ」とする代表役員の宣言は、心打つものがあった。通ったかも知れない山田高校、生まれ地を同じうする旧山田市の人々と親しく睦み合う興奮に、私はひとり酔いしれていた。

最後に全員で唄った「ふるさとの歌」三番、「こころざし（志）を果たしていつの日にか帰らん、山は青きふるさと、水は清きふるさと……」

私の長い人生は、結局あの下山田小学校が出発点であった。志を果たしたとは遥かに言えないが、それでもなおここに生を受け、その深い懐に抱かれて生きてきた事実をひと時も忘れてはならない。そして未だ残した年月があるとしたら、それこそ有終の美に相応しい感謝と活動の場としなければならない。

十月十八日（水）

通産局ＯＢ会、政治への飛び台が

昔は「東京通産（通商産業）局」で東京大手町にあったが、現在は「関東経産（経済産業）局」と名前を変えて埼玉県さいたま市にある。経済産業省の地方組織として地方地元の経済産業の振興を一手に図る。私も誇り高きＯＢである。

私はその総務課長を務めた。もう四十年を超える。関東一円の都県を相手に思いっきり動き回り、各地の実情を目の当たりにした。多くの職員とも交わり、未だに先輩、先輩と声を掛けてくれるのを嬉しく感謝している。

その時、私は、神奈川県から衆議院選挙に出ることを密かに決意していた。公務員が選挙活動することは法律で厳しく禁止されている。組織に迷惑を掛けてはいけない、私はその言動を限りなく抑制していたが、身近な職員、いずれは多くの職員は皆それを知ることになった。私は近づく選挙事情を遠くに思いながら、薄氷の思いで課長職を続けていた。

ある時、職員組合（労働組合）の幹部から声を掛けられた。遂に覚悟を決めた時、総務課長、われわれもしっかり貴方を護るから堂々と頑張りなさい、われわれ通産局の誇りなのだから、と言ってくれた。私は陰で泣いた。

多くの思いと出来事を残しながら、程なく私は役所を離れ選挙活動に入った、当選にはそれから十年（平成二年）掛かったが、政治家原田の原点こそがあの「東京通産局総務課長」であったことを、いつも振り返っている。直属の冨永局長も九十歳を越えられ、互いの健康を称え合っています。

十月二十一日（土）

皆様のお陰さま、叙勲の伝達が

この度、岸田総理大臣より私への叙勲の伝達がありました。真に畏れ多いことで、まず皆様にご報告申し上げます。未だ気持ちの整理がつきませんが、何れかの時点で思いの丈をお話しさせていただきま

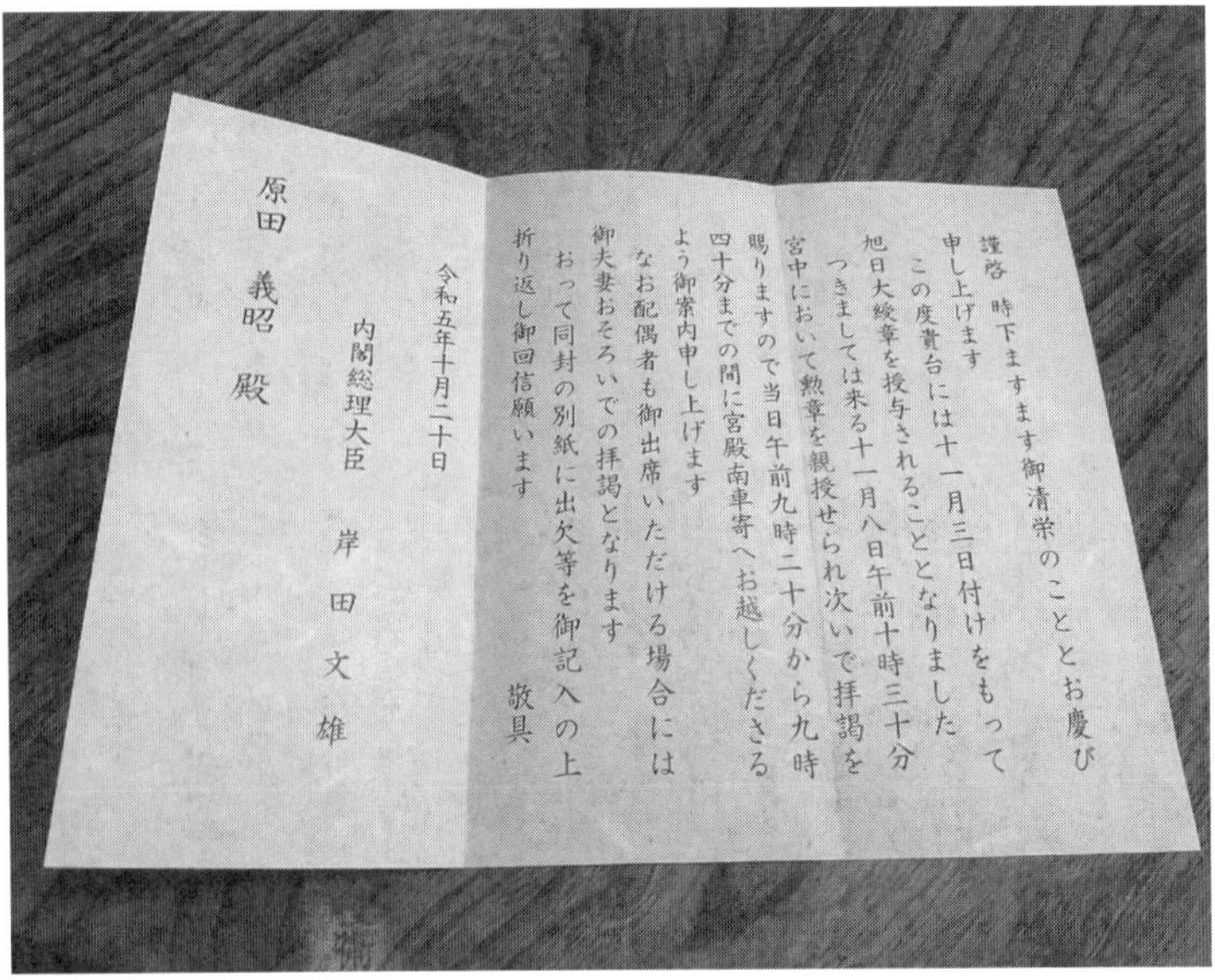
謹啓　時下ますます御清栄のこととお慶び
申し上げます
この度貴台には十一月三日付けをもって
旭日大綬章を授与されることとなりました
つきましては来る十一月八日午前十時三十分
宮中において勲章を親授せられ次いで拝謁を
賜りますので当日午前九時二十分から九時
四十分までの間に宮殿南車寄へお越しくださる
よう御案内申し上げます
なお配偶者も御出席いただける場合には
御夫妻おそろいでの拝謁となります
おって同封の別紙に出欠等を御記入の上
折り返し御回信願います
敬具

令和五年十月二十日

内閣総理大臣　岸田文雄

原田義昭　殿

す。本当にありがとうございました。

十月二十二日（日）

モンゴルの有名裁判官来所

モンゴルで有名な最高裁判所裁判官が訪日し、私の事務所を訪問された。私的な訪日ですが、私とすっかり意気投合し、経済、産業、司法、医療の交流をもっと盛んにすること、特に横綱白鵬などモンゴルの大相撲への関与は両国にとって非常に価値あるものだとして、お互い協力しようと握手した。

モンゴルは大いに開発の領域があり、資金、技術、人材の面で日本こそがその先頭に立って頑張らなければなりません。

十月二十五日（水）

文化の日
太宰府市長から「特別表彰」を授与

本日、新聞においても叙勲の正式公表があり、多くの皆さまからお祝いの連絡がありました。皆さまには心からお礼を申し上げるとともに、更なる精進を誓ったところです。

更に、本日太宰府市役所において「太宰府市市民功労、善行表彰」が行われたところ、私は楠田市長より市政の発展に大きく寄与したとの儀を以て『市長特別表彰』の栄誉を受けました。長く地元に住み生活してき

ただけの私ですが、今後一層の努力を地元社会にも発揮しなければならないと思っております。

十一月四日（土）

宮中にて叙勲の栄誉

十一月八日は終生忘れられない日となった。皇居宮中に妻と参内し、天皇陛下直々に「旭日大綬章」を授与された。畏れ多くも身に余るご処遇に、国民の皆様に心から感謝申し上げます。今後生ある限り世の中のために努力することを決意しました。何分のご指導をよろしくお願い致します。（写真はスナップ撮影で、いずれは皆様に恥ずかしながら、少し格好付けてお披露目致します）

十一月九日（木）

細田博之前衆議院議長、死去

細田前議長が亡くなられた。病気で議長職を辞めたばかりであった。私は細田氏とのつながりは特別に長い。旧通産省では官僚として先輩後輩、繊維部局では課長補佐職を彼から私が直接に引き継いだこともある。平成二年がお互い初当選であるが、同期組のリーダーとして我々のことをよく世話してくれた。私は平成二十一年から三年ほど落選していたが、自民党幹事長にあった細田氏がどれほど支援を寄せてくれたたか。

常に物事を大局から捉え、静かなる指導力

で多くの人を纏めた。長い間旧安倍派を「細田派」として纏めた。議長職にあっては、マスコミと余り反りが合わず少しく苦労されていたが、彼の誠実な人格にいささかの負い目があるわけでない。ご冥福を心よりお祈りしたい。　十一月十二日（日）

「瀬戸内海の再生」こそ日本再生の道

「瀬戸内海環境保全特別措置法」という法律が成立して五十年が経つ。神戸市で記念式典が行われ、歴代環境大臣の故を持って私も出席した。

経済成長の激しかった往年には、周辺から排気ガスと汚染水により瀬戸内海は「瀬死の海」とさえ呼ばれていた。この特別措置法は瀬戸内の自然環境を回復し地域社会を活性化させ、瀬戸内こそが今後、日本はもとより国際社会の発展の基点となろうとするもので、地域の高校生、大学生の研究成果など夢あるイベントが幾つも発表された。

私は、神戸という都市を初めて訪問したのだが、この街の魅力を改めて素晴らしく思い、福岡市も含めて数多ある地方都市のモデルになる部分が未だ多いのではないかと思われた。　十一月十三日（月）

日台友好絵画展

日台友好と安倍晋三元首相の一周忌を機して邱貴《ちょうき》画伯の絵画展が始まった。邱貴画伯は今や台湾を代表する画家、本日は故安倍首相未亡人昭恵さんも出席されて盛大な開会式が行われ、私も「台湾桜里帰り会」会長として祝辞を述べた。

写真の二作品は、安倍氏と李登輝元総統が天界で仲良く交流しているイメージ図で、日本と台湾の現

在と未来を暗示する、あたかも実写してきたかのような出来で、観る人の胸を打つ。

十一月十八日（土）

大相撲九州場所観戦

大相撲九州場所、今最高潮である。福岡は地元であるが、五日目、知人からの招待を受けて私と義理

の息子と二人で本場所「砂かぶり」（最前列）で観戦した。日頃大体はテレビで観ているが、さすがに迫力満点、本物の力士が大勢目の前にいる、土俵の力士が本当に目の前まで跳んでくる……。

ＮＨＫの実況にもだいぶ姿形も出てきたようで、意識はしていたが、自分を写真で振り返られるのは嬉しい限りであった。相撲というスポーツ、格闘技の大会であるが、あの大きな空間の中で、ひとつひとつの格式と所作、技芸にも深い伝統と神秘が含まれている。改めてわが国に何千年と繋がる大相撲という伝統に歴史の重さと誇りさえ感じられる。多くの外国人が来ているが、彼らこそ日本的な歴史と雰囲気、文化に最も手っ取り速く浸ることができたと喜んでいるに違いない。

私は二十五年も前に、厚生省政務次官の時、同じ九州場所の土俵上で優勝力士へのカップ授与をさせて貰った。四半世紀の時の速さとその間に受けた人々への感謝を独り思い返していた。

十一月十八日（土）

三味線の公演会

東京銀座にて日本の伝統芸能三味線の公演会が行われた。人間国宝「三代目今藤長十郎」の流れを受ける「四代目今藤長十郎」の主催で『三味線の響』公演は実に三十回目を迎えた。演目は「綱館《つなやかた》」、「鳥獣戯画絵巻」など古典に及び、その演出の大きさと華やかさは、その道に疎い私にとって度肝を抜くものであって、西洋音楽のシンフォニーや音楽会に遥かに引けを取らないものと感じた。

なお、「よみうりホール」という一流の会場と舞台装置については撮影禁止という制約があって、皆様に具体的イメージを伝えられないのが心

残りである。日本の古典芸能の素晴らしさ、凄さを世界中の人々にも知って欲しいと思いながら家路に着いた。

十一月二十日（月）

川崎青年会議所（JC）五十年記念大会

川崎青年会議所の創立五十年を祝う記念大会が東京で行われた。私は通産省勤務の終わり頃、すでに川崎市から選挙に出ることを決めていた。地盤も看板も何も無い、然らば川崎JCに入会して本格的な地元活動を始めた。昭和六十一年の選挙こそ、もちろん落選はしたが、JC頼み一本での選挙であった。二回目の選挙で初当選（平成二年）、その次はまた落選した。その間、私にとって川崎市がどれほど生活の中心であったか。やがて川崎を離れて福岡に居を移した。

川崎JCは私にとって、今尚、深い感謝と思い出を持って「人生の出発点」であったと考えている。

十一月二十三日（木）

アラブ首長国連邦、建国五十二周年記念パーティ

中東の勇「アラブ首長国連邦」（ア首連）の「建国五十二周年記念パーティ」が東京で行われ、招待を受けて出席した。

ア首連は、ドバイ国もその連邦に含めており、単なる中東の産油国を脱して、経済発展の中進国Global Southとして、わが国にとっては特に大事な経済パートナーである。

このパーティでは、ア首連大使とばかりでなく、多くの国の在日大使や要人と交流を深めた。

私も次第にこれら国際舞台では有名人になりつつあるを実感し、然らば相当に頑張らねばと一層自らを鞭打つことになった。

十一月二十三日（木）

原発「処理水」問題、日中駆け引き

処理水問題が日中間では最大の外交テーマとなっている。アメリカでの首脳会談でも岸田首相は習近平主席に向けて激しく輸入規制解除を迫ったが、果たせなかった。

今回、韓国・釜山における外相会談では、上川外相は、中国の王毅外相と対座しているが、中国は、「独自監視」をさせよと拘っているらしい。「国家主権」を無視したもので、一国の判断を他国の監視結果に委ねよという実に馬鹿げた提案といえる。日本は元々、ＩＡＥＡという国際機関の合同監視に中国も参加せよ、そこで意見を述べよと応じている。中国は自ら（多分）分かった上で、児戯にも等しい難癖を繰り返している。

中国のことだ、あらゆる不合理を出してくるが、揺るがぬ態度で応対すれば、この問題は早晩必ず解決する、というのが私の確信である。原発「処理水」問題、日中駆け引き処理水問題が日中間では最大の外交テーマとなっている。

アメリカでの首脳会談でも岸田首相は習近平主席に向けて激しく輸入規制解除を迫ったが、果たせなかった。今回韓国釜山における外相会談では、上川外相は、中国の王毅外相と対座しているが、中国は、「独自監視」をさせよと拘っているらしい。「国家主権」を無視したもので、一国の判断を他国の監視結果に委ねよという実に馬鹿げた提案といえる。

日本は元々、ＩＡＥＡという国際機関の合同監視に中国も参加せよ、そこで意見を述べよと応じている。中国は自ら（多分）分かった上で、児戯にも等しい難癖を繰り返している。

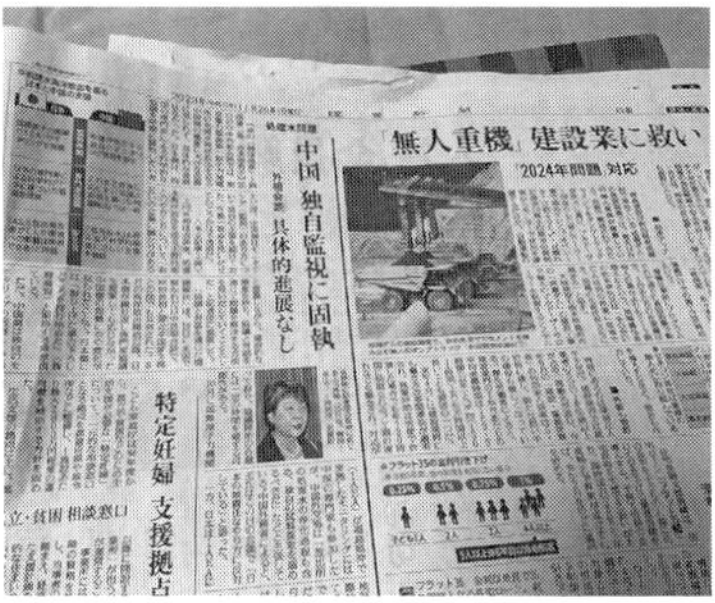

中国のことだ、あらゆる不合理を出してくるが、

揺るがぬ態度で応対すれば、この問題は早晩必ず解決する、というのが私の確信である。

十一月二十六日（日）

「東京沼田会」

北海道の沼田町には今年6月、講演旅行に出掛けて、随分とお世話を頂いた。沼田町出身者の会「東京沼田会」が行われて、横山茂町長も地元から出席されていた。コロナ禍で4年ぶりとかで、私も久しぶり出席した。いつも道産子として北海道に育ったことを誇りにしていること、沼田町のことなら東京にいて何でもやるからと挨拶しておいた。

沼田町は米とトマトの生産で有名になりつつある。ふるさとは遠くにありて想うもの。私はふるさとをいくつか持っており、何れにも強い郷土愛を感じています。

十一月二十六日（日）

キッシンジャー氏、逝く

ヘンリー・キッシンジャー元米国国務長官が十一月二十九日、亡くなった。一〇〇歳の長齢を重ねられた。キッシンジャー氏は米中国交樹立、米ソの緊張緩和、ベトナム和平など冷戦期から国際政治と世界の安全保障に大きな功績を残し、一九七三年ノーベル平和賞を受賞した。一九七三年から七七年までジェラルド・フォード大統領下の国務長官を務めたが、その前後のリアリスト政治家、学者としての活動は圧倒的であった。

私は一九六二年と七六年に二度、アメリカ留学をしており、キッシンジャー外交の最中に当たるが、最も強烈な刺激と影響を受けたと言える世代である。氏の業績を改めて学んで、自らの若き日の感傷にも耽っている。

十二月六日（水）

常温核融合、水野忠彦博士、来訪

「常温核融合」という最先端の原子力技術を世界に先駆けて開発、実証されている水野忠彦博士が来訪された。北海道出身で「道産子」を任ずる私とウマが合う。

今世界はエネルギー危機にあり、国内も電力高騰で国民生活、産業活動にも大きく支障が生じている。水野博士の開発技術により北海道地区の半導体事業（ラピダス）の開発を促進し、国全体のエネルギー危機、電力安定化に寄するものと期待されている。私も持てる力をフル活動して、博士の研究領域の手伝いをしたい。

十二月七日（木）

最近の政局、国民信頼を取り戻せ

政局は深刻である。今回の派閥パーティの問題は、その報道含めて自民党全体の、また全ての自民党議員の足元を揺るがしている。もしかすると、本当に自民党が壊滅するかも知れない。

私の現職時代も似たような話が無かったわけでない、いずれもパーティ収入の届け出違反（形式犯）であって、指摘されれば事後修正で許された。

然るに、今回は金額が大きいこと、派閥が組織的に絡んでいること、その処理につき思惑が乱れていること。追いかけるように内閣、党の要職が一掃され、遂には東京地検特捜部が本気で動き始めた、何人か議員が逮捕されるという。もはや国の政治にとって、経済や景気、福祉、外交など政策論どころでなくなった。

私は先輩議員として本気で心配している。今回の不祥事を踏まえて、資金の出入りを法律の通りしっかり届け出ること、今までのルーズさ、曖昧さを猛省して、国民に理解してもらわなければならない。法律改正も必要であろう。「信頼の回復」、言うは易しく、行うは難しい。

しかし全力を尽くす。日本の政治は、結局自民党でなければまともに動かない。私はOBになって改めてそう思う。岸田よ、しっかりしろ。

十二月十七日（日）

弁護士、被疑者面談、警察署で

弁護士の仕事に被疑者面談（「接見」）というのがある。人が犯罪を犯すと警察に逮捕される。警察署の拘置所でまず捜査を受ける。二十日間ほど拘置されて、その間弁護士が付き添う。拘置所ではガラス（網）越しに被疑者と交流する。被疑者はこの間、検察官とも接触し、処分は裁判に進む（起訴）か無罪放免かに別れる。

犯罪人（被疑者）またその親族は逮捕後、警察から弁護士を呼べと言われる。普通は誰も知らないから「国選弁護人」が就く。もし知り合いがいればその弁護士を名指しで呼ぶこととなる。

私は今、三人の被疑者を抱え、いくつかの警察署を掛け持ちしている。弁護士の訪問、接見は、予約なし、夜中でも許される。大事な情報の伝達もあれば、気弱になりがちな被疑者を激励するだけのこともある。

私は接見の弁護士としてしばしば名指しで呼ばれることがある。知り合いが多いぶん、名が知られているので、「あっ、原田先生がいる」と、予期せぬ時に思い出されて声が掛かる。私も出掛けると、どうしても情が移る。悲しい顔と接するとつい助けたくなる。知らない人であっても、私が助けてあげるから安心しなさいと言ってしまう。

私は政治家、議員として無数の人々にお世話になってきた。名前も顔も知らない多くの人にお世話になり、迷惑を掛けたに違いない。今弁護士として、名前も顔も知らない、多分お金もないだろう人が救いを求めて訪ねて来る。出来うる限りの努力をする。上手くいけば良い。上手くいかなくても、誠実に全力で取り組めば良いと思っている。私はあの時のご恩を今返すような気持ちでいるのです。

十二月二十四日（日）

原田義昭　著書一覧

❖その時何を訴えて、その時どう動いたか（議員在職十年記念誌、二〇〇二年十月）
❖今日私が考えた事（二〇〇四年十月）
❖外交は武器なき戦争、か（二〇〇六年十月）
❖荒海への船出（二〇〇七年十月）
❖かく語り、かく闘う（二〇〇八年十一月）
❖How to be good（二〇〇九年十二月）
❖政治家は、嘘は言わない！（二〇一〇年十二月）
❖留め置かまし大和魂（二〇一一年十二月）
❖為せば成る為さねば成らぬ（二〇一三年一月）
❖尖閣を守れ（集広舎、二〇一五年八月）
❖主権と平和は「法の支配」で守れ（集広舎、二〇一七年四月）
❖中国の脅威に真剣に備えよ（集広舎、二〇一八年九月）
❖環境対策こそ企業を強くする（集広舎、二〇一九年九月）
❖コロナ時代を乗り切ろう（集広舎、二〇二〇年十一月）
❖政治こそ最高の道徳たれ（集広舎、二〇二一年九月）
❖政治家の力、弁護士の技（集広舎、二〇二三年十一月）

著者略歴

原田義昭（はらだ よしあき）

昭和十九年十月、福岡県生まれ。衆議院議員八期。外務委員長、財務金融委員長、自民党筆頭副幹事長、厚生政務次官、文部科学副大臣、環境大臣、内閣特命担当大臣（原子力担当）などを歴任。現在、原田国際法律事務所・国際弁護士。

ISBN 978-4-86735-050-8 C0031

福島原発「処理水」をのりこえて

令和六年（二〇二四年）一月二十九日　初版発行

著者　原田義昭

発行者　川端幸夫

発行　集広舎

〒八一二－〇〇三五

福岡市博多区中呉服町五－二三

ＴＥＬ：〇九二（二七一）三七六七

ＦＡＸ：〇九二（二七二）二九四六

https://shukousha.com/

印刷・製本　モリモト印刷株式会社

製本には十分注意しておりますが、落丁・乱丁（ページ順序の乱れや抜け落ち）の場合は購入された書店名を明記のうえ、集広舎までお送りください。送料小社負担にてお取り替えいたします。